KB144182

우리 디저트

떡의 미학

떡제조기능사 필기·실기

최은희 저

(주)백산출판사

머리말

우리나라는 예로부터 오곡에 갖가지 과일, 나물 등의 독특한 향기와 맛, 자연색소를 이용해 영양가 높고 맛이 좋은 떡을 만들어 왔습니다. 떡은 재료와 만드는 방법 등에 따라 여러 가지로 분류되고 맛과 모양도 다양하게 나눌 수 있습니다.

최근에는 건강을 중시하는 식생활이 자리잡으면서 우리 전통 떡의 기능성과 영양성이 널리 알려지고 있으며, 관광산업이 활성화되고 국제화로 이어지면서 김치에 이어 대표적인 한국음식으로 떠오르는 등 떡과 관련된 산업이 빠르게 발전하고 있습니다.

이 책은 전통적인 후식으로 다양한 기능과 종류를 갖춘 떡에 대하여 일반인들이 쉽게 이해할 수 있도록 이론과 레시피를 정리 요약하였으며, 기본교재로 활용할 경우 실습이 용이하도록 적은 양을 계량하여 제작하였습니다. 또한 전통적으로 푸짐했던 떡의 모양을 한입에 쏙 들어갈 수 있도록 작고 예쁘게 만들어 시각적인 면에서도 보완하였습니다.

2019년에 새로이 신설된 떡제조기능사 자격증을 취득할 수 있도록 내용을 정리하여 필기시험뿐 아니라 실기시험에 대비하도록 구성하였습니다.

이 책을 제작하며 느꼈던 점은 예로부터 전해 내려오는 재료 이외에 떡에 넣을 수 있는 훌륭한 재료들이 우리 주변에 아직도 많다는 것입니다. 새로운 신제품 개발은 전통적인 한국음식을 배우고 있는 우리 학생들에게 계속하여 연구할 수 있는 무한한 가능성을 열어주고 있다고 생각합니다. 이 책을 통해 우리 전통 떡을 배우고 관심을 갖고 계신 모든 분들에게 도움이 되기를 바랍니다.

부족하지만 우리의 전통 떡 개발을 위해 지속적인 연구와 노력을 게을리하지 않을 것임을 약속드리며, 아낌없는 조언을 부탁드립니다. 또한 참고문헌으로 논문과 서적을 저자의 동의없이 인용하였습니다. 너른 마음으로 惠諒하여 주시기 바랍니다.

끝으로 이 책이 나오기까지 도움을 주신 백산출판사 진욱상 사장님과 직원 여러분, 사랑하는 제자 김은비에게도 감사의 마음을 전합니다.

저자 씀

차례

떡류(찌는 떡) • 064

떡류(치는 떡) • 152

떡류(지지는 떡) • 198

떡류(삶는 떡) • 222

한과류 • 240

음청류 • 292

떡제조기능사 • 313

우리나라 떡의 시작은 시루의 등장시기인 청동기시대 또는 초기 철기시대로 보며
떡은 밥짓기가 일반화되기 전까지 상용음식의 하나였다가
밥짓기가 개발된 이후부터는 명절음식과 의례음식의 하나가 되었다.

떡

떡

1. 정의

우리 민족에게 떡은 특히 별식으로 꼽혀왔다. 그래서 '밥 위에 떡'이란 속담도 생겨났다. 떡은 농사를 짓던 우리 선조들이 밥을 짓고 죽을 쑤다가 자연스럽게 만들게 된 것이 아닌가 싶다. 조리 형태에서 정의하면 '곡물의 분식형의 음식'으로 찌는 떡(甑餠), 지진 떡(煎餠), 삶은 떡(團子餠), 치는 떡(搗餠)이 있다. 떡이란, 대개 곡식가루를 반죽하여 찌거나 삶아 익힌 음식으로, 혼례(婚禮), 제례(祭禮), 대소연의(大小宴儀), 농경의례(農耕儀禮), 토속신앙(土俗信仰)을 배경으로 한 각종 행제(行祭), 무의(巫儀), 또는 계절에 따라 즐기는 우리의 대표적 곡물 요리의 하나로 그 종류가 매우 다양하며 조리법 또한 매우 발달되어 있다.

떡의 어원은 중국 한자에서 찾을 수 있는데 한대(漢代) 이전에는 '이(餌)'라 표기하였다. 그 당시에는 중국에 밀가루가 보급되기 전이므로 떡의 재료는 쌀, 기장, 조, 콩 등이었다. 밀가루가 보급된 한대 이후에는 떡의 표기가 '병(餠)'으로 바뀌었다. 즉 떡의 주재료가 쌀에서 밀가루로 바뀐 것에 따른 것이다.

결국 떡을 표기한 한자는 '이(餌)' 이며 밀가루가 주원료인 경우에는 '병(餠)' 이라고 한 것이다. 우리의 떡은 쌀을 위주로 하여 만들어 왔으므로 '이(餌)' 이지만 재료 구분 없이 '떡' 이라 하고 한자로 표기할 경우에만 '병(餠)' 이라 한다.

2. 역사

삼국이 성립되기 이전

언제부터 떡을 만들어 먹었는지는 정확히 알 수 없으나 피, 수수, 기장 등의 잡곡농사가 먼저 시작되었고 갈돌, 확돌, 돌칼, 뒤지개, 괭이, 보습, 낫 등의 농기구 등을 통해 떡의 역사를 엿볼 수 있다. 우리나라 떡의 시작은 시루의 등장 시기인 청동기시대 또는 초기 철기시대로 보며 떡은 밥짓기가 일반화되기 전까지 상용음식의 하나였다가 밥짓기가 개발된 이후부터는 명절음식과 의례음식의 하나가 되었다.

삼국시대를 거쳐 통일신라시대

농경이 확립되고 벼농사 중심의 농경경제를 이룬 시기로서 곡물의 생산량이 증대되어 쌀 이외의 곡물을 이용한 떡도 다양해졌다. 『삼국사기』나 『삼국유사』 등의 문헌에서도 떡에 대한 이야기가 다음과 같이 등장한다.

『삼국사기』(권48)

[…百結先生은 신라 慈悲王代(458~479) 사람으로 狼山(경주)에 살았는데 세모가 되었을 때 이웃집에서 떡방아를 찧었으므로…]

백결선생조에는 신라 자비왕대(458~479년) 사람의 이야기가 나온다. 깨물어 잇자국이 선명히 났다든지 떡방아 소리를 냈다든지 하는 기록으로 보아 여기서 말하는 떡은 찐 곡물을 쳐서 만든 흰떡, 인절미, 절편 등 도병류임을 알 수 있다. 특히, 백결선생이 세모에 떡을 해먹지 못함을 안타깝게 여겼다는 기록으로 보아 당시에도 이미 연말에 떡을 해먹는 절식 풍속이 있었음을 보여 준다.

『삼국유사』(권 제2) 효소왕대(692~702) 죽지랑조에는

[…公事로 갔다니 응당 가서 대접하리라 하고 舌餅 합한술 1병과 가지고…]

舌餅이라는 떡이 나온다. '舌'은 곧 '혀'를 의미하므로 혀의 모양처럼 생긴 인절미나 절편, 혹은 그 음이 유사한 설병, 즉 설기떡이 아니었을까 추측할 수 있다. 비슷한 시기의 발해 사람들도 시루떡을 해먹었다.

고려시대

삼국시대부터 전래된 불교는 고려시대에는 절정에 이르러 고려인들의 모든 생활에 영향을 미쳤는데 그 중 떡은 한층 더 발달하였고, 상류층이나 세시행사, 제사음식으로서만이 아닌 하나의 별식으로서 서민층까지 널리 보급되었음을 알 수 있다.

설기떡을 찔 때 꿀물을 내려 공기가 고르게 들어가게 함으로써 떡의 탄력성을 높이고 쉽게 굳지 않도록 만든 선조들의 지혜를 엿볼 수 있다. 또한 이 시기에는 국토에서 산출되는 곡물, 견과류, 약이성채소 등을 총동원해 쌀에 부족되기 쉬운 영양소를 상호 보완한 우수한 떡들이 개발되어지기 시작하였다.

조선시대

유교를 숭상하는 조선시대에는 혼례 · 빈례 · 제례 등 각종 행사와 대 · 소연회에 떡이 필수적인 음식으로 자리잡았으며 농업기술과 음식의 조리 및 가공기술이 발달하여 식생활 문화가 향상되었다.

고려로부터 일반화된 떡은 조선시대로 이어지면서 그 종류와 맛이 한층 다양하고 섬세하게 고급화되었다. 다른 곡물을 배합하거나 채소, 과일, 버섯, 야생초, 한약재, 해조류 등을 주재료로 이용했고, 소와 고물 그리고 감미료로 조청, 꿀, 계피, 설탕, 엿기름, 참깨, 팥, 밤, 대추 등이 이용되었으며 치자, 수리취, 승검초, 송기, 쑥, 연지, 오미자 등이 천연색소로 이용되면서 궁중과 반가를 중심으로 발달한 떡은 사치스럽기까지 하였다.

근대시대

19세기 말 이후 진행된 급격한 사회 변동으로 오랫동안 우리 민족의 사랑을 받아왔던 떡은 서양에서 들어온 빵에 의해 점차 식단에서 밀려나게 되었다. 또한 생활환경의 변화로 떡을 집에서 만들어 먹기보다는 떡집이나 떡 방앗간 같은 전문 업소에서 떡을 사다 쓰게 되었다.

그러나 떡은 여전히 중요한 행사나 제사 등에는 빠지지 않고 오르는 필수적인 음식으로 이용되었다.

현대시대

현대에 이르러 떡은 새로운 전성기를 맞고 있다. 건강이 최대의 관심사인 현대인들에게 떡은 맛, 모양, 소재, 포장, 재료 등 갈수록 다양해져 새로운 먹거리를 찾는 사람들의 호기심을 자극하고 있다. 떡을 이용한 떡케이크, 영양떡, 한방떡, 냉동떡, 레토르트떡, 아침대용떡, 다이어트떡 등 그 종류도 점차 늘어나고 있는 추세이다.

3. 떡의 종류

떡은 조리법을 중심으로 분류하는데 시루에 쪄서 완성한 찌는 떡(甑餠), 찐 다음 다시 치대어 완성한 치는 떡(搗餠), 기름에 지져서 완성한 지진 떡(煎餠), 찹쌀가루 반죽을 삶아 건져 낸 삶은 떡(團子餠) 등이 있다.

찌는 떡(甑餠)

떡은 시루에 찐 시루떡이 떡의 기본형으로 가장 오래된 최초의 조리법이며, 그 중 백설기가 찌는 떡의 대표라 할 수 있다.

찌는 방법에 따라 설기떡과 켜떡으로 구분하는데 설기떡은 멥쌀가루에 물을 내려서 한 덩어리가 되게 찌는 떡을 말하고, 켜떡은 멥쌀이나 찹쌀가루를 시루에 고물로 얹혀가며 켜켜로 안쳐 찐 떡을 말한다.

빚는 떡은 소를 넣어 모양을 빚어 찐 송편, 발효떡은 멥쌀가루에 막걸리를 넣어 묽게 반죽하여 발효된 것을 밤, 대추, 석이 등에 고명을 얹어 찐 증편도 찌는 떡이라고 할 수 있다.

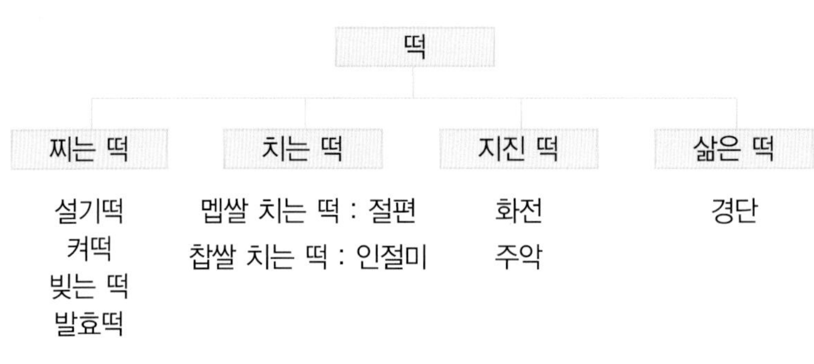

【 조리법에 따른 분류 】

찌는 떡의 주재료는 멥쌀과 찹쌀이며 섞는 방법에 따라 팥, 녹두, 콩, 깨, 녹말 등의 잡곡 및 두류를 사용하였다.

과일 및 견과류로는 밤, 대추, 잣, 감, 호두, 복숭아, 살구 등이 쓰였고, 기타 향미 성분으로 당귀잎, 석이, 쑥, 후추, 술을 이용하였다. 감미료로는 꿀, 설탕 등을 사용하였다.

찌는 떡의 조리 시 주의사항

- 찌는 떡은 쌀가루를 2~3회 정도 체에 내린 후 사용하는 것이 좋다.
- 찌는 떡은 쌀가루에 가지고 있는 수분량에 따라 첨가되어지는 물의 양이 달라지므로 물을 준 후 손으로 뭉쳐 가볍게 흔들었을 때 깨지지 않을 정도가 알맞다.
- 백설기의 경우 멥쌀가루 10컵에 소금 1큰술, 물 $\frac{2}{3}$~1컵 정도를 준다.
- 켜떡의 경우에는 켜에 두께가 고루 되도록 떡가루의 분량을 잘 배분한다.
- 고물이 없는 무리떡은 시루 밑에 기름을 발라주면 잘 떨어진다.
- 떡시루를 냄비에 올릴 때에는 냄비 안에 물을 $\frac{1}{2}$ 이하로 적당히 넣어야 하는데, 너무 많이 넣으면 떡이 질어질 수 있고, 너무 적게 넣으면 탈 수가 있다.
- 대나무 찜기를 사용 시 마른 상태일 때 떡을 앉히고, 사용 후 깨끗이 씻어 말려서 보관한다.
- 쪄진 떡은 한 김 나간 후에 접시에 뒤집어서 담아낸다.
- 준비해 놓은 고물은 냉동실에 넣어 두었다가 사용할 때 팬에 수분을 제거 후 사용하는 것이 더 보슬보슬하다.

치는 떡(搗餠)

치는 떡은 곡물을 탈각해서 곡립상태나 가루상태로 만들어서 시루에 찐 다음, 절구나 안반 등에서 친 것으로 흰떡, 절편, 개피떡, 인절미 등이 있다. 찹쌀 도병과 멥쌀 도병으로 구분하며 찹쌀 도병의 대표적인 떡으로 인절미가 있는데 표면에 묻히는 고물의 종류에 따라 이를 다시 팥인절미, 깨인절미 등으로 부르며, 찐 찹쌀을 안반에 놓고 칠 때에는 섞는 부재료에 따라 쑥인절미, 수리취인절미 등으로 부른다. 멥쌀 도병의 대표적인 떡으로는 절편, 개피떡, 가래떡이 있다.

치는 떡의 조리 시 주의사항

- 치는 떡은 절편의 경우 멥쌀가루 10컵에 소금 1큰술, 물 $1\frac{1}{2}$컵을 주어 찐다.
- 치는 떡은 쪄낸 떡을 많이 치댈수록 쫀득하다.
- 멥쌀로 치는 떡을 완성 후 모양을 만들 때는 작업대에 랩을 깔고 모양을 만드는 것이 붙지 않는다.
- 멥쌀로 치는 떡을 완성 후 반드시 참기름을 발라준다.
  (참기름과 식용유를 1:1로 섞어 사용하기도 한다.)
- 찹쌀로 치는 떡은 많이 칠수록 점성이 늘어 떡이 쫀득하고, 뜨거운 상태로 틀에 넣어 냉동 후에 모양을 굳혀 썰면 포장하기 쉽다.
- 멥쌀가루와 찹쌀가루를 8:2로 섞어서 치는 떡을 만들기도 한다.

지진 떡(煎餠)

지진 떡은 찹쌀가루를 익반죽하여 모양을 만들어 기름에 지진 떡으로 전병, 화전, 주악, 부꾸미 등이 있다. 계절에 따라 봄에는 진달래화전, 배꽃전, 초여름에는 장미꽃전, 맨드라미꽃전 등이 있다. 주악은 찹쌀을 익반죽하여 깨, 곶감, 유자청건지 등으로 만든 소를 넣고 조약돌 모양처럼 빚어 기름에 튀긴 떡으로 승검초주악, 은행주악, 대추주악, 석이주악 등이 있다.

지진 떡의 조리 시 주의사항

- 찹쌀가루는 익반죽하는데 익반죽을 하는 이유는 쌀가루 전분에 일부를 호화시켜 찰기를 만들어 모양을 빚기 좋게 하기 때문이다.
- 익반죽한 반죽은 많이 치댈수록 질감이 좋다.
- 반죽을 한 후 질어질 수 있으므로 여분에 쌀가루를 남겨둔다.
- 모양을 만든 떡은 젖은 면보로 덮어 두어 지져야 갈라지지 않는다.

삶은 떡(團子餠)

주악이나 약과 모양으로 썰고 더러는 구멍떡으로 만들어서 끓는 물에 삶아 건져서 고물을 묻힌 떡으로 종류로는 경단류에 경단, 잡과병류에 잡과편, 기타 쇄백자, 산약병 등이 있다. 삶는 떡의 주재료는 찹쌀이며, 잡곡 및 두류로 메밀, 마, 통, 팥, 깨 등이 쓰였다. 부재료로는 감, 밤, 호두 등의 과일과 견과류, 기타 향미 성분으로는 생강, 계피, 정향 등이 쓰였다.

삶는 떡의 조리 시 주의사항

- 찹쌀가루는 익반죽하는데 익반죽을 하는 이유는 쌀가루 전분에 일부를 호화시켜 모양을 빚기 좋게 하기 때문이다.
- 삶는 떡에 소를 넣고 공기를 빼주어야 삶을 때 터지지 않는다.
- 삶은 후 떠오르면 1분 정도 뜸들인 후 건져서 찬물에 2번 정도 헹구어 준다.
- 헹군 떡은 반드시 물기를 면보에 닦은 후 고물을 묻혀 주어야 뭉쳐지지 않고 고루 묻는다.

4. 재료

떡 · 한과에 이용되는 재료는 곡류, 채소류, 두류, 견과류, 과일류 등 다양한 천연재료들로 만들어진다. 주재료인 찹쌀과 멥쌀 등의 곡물에는 우리 몸에서 필요로 하는 탄수화물이 들어 있으며, 두류에는 식물성 단백질이, 견과류에는 지방이 풍부하다. 또한 사과, 감, 유자, 감자, 고구마 등 채소류와 과일류에는 우리 몸에 꼭 필요한 비타민과 무기질이 들어 있어 영양이 풍부하고 맛이 좋다. 또한 떡과 한과를 시각적으로 더욱 아름답게 하는 천연색의 사용에 있어서도 매우 과학적임을 알 수 있다. 떡에 쓰이는 대표적인 재료는 다음과 같다.

쌀

쌀은 성분에 따라 멥쌀, 찹쌀로 구분할 수 있다. 쌀의 주성분은 전분 아밀로오스(amylose)와 아밀로펙틴(amylopection)으로 구성되어 있다. 멥쌀과 찹쌀은 성분상에 큰 차이는 없으나 전분의 성질이 다르다. 멥쌀은 아밀로펙틴 80%, 아밀로오스가 20%로 점성이 낮다. 찹쌀은 아밀로펙틴 100%로 이루어져 점성이 강하여 인절미나 찰밥을 만드는 데 이용한다. 떡가루를 만들 때는 깨끗이 씻어 8시간 이상 충분히 불려야 쌀가루가 부드럽다.

현미

현미는 당질이 대부분을 차지하고, 단백질이나 지방은 많지 않다. 현미의 배아는 영양면에서 뛰어나므로 현미밥이 건강식으로 알려져 왔다. 현미는 백미에 비해 조직이 단단하여 쌀을 불리는 시간이 좀 더 길어야 식감이 부드럽다. 현미찹쌀은 일반 찹쌀에 없는 섬유소와 비타민, 무기질이 들어 있어 건강식 떡을 만들 때 이용된다. 현미인절미, 현미가래떡을 만들기도 한다.

흑미

검은 쌀이라고 불리는 흑미는 검은 현미를 말하는데, 맛과 향, 색이 특이하여 술, 식혜, 과자, 떡 등에 이용하며, 색소를 추출하여 각종 식품에 자연색소로 사용한다. 흑미의 흑색소는 수용성이므로 여러 번 씻을 경우 흑색소가 빠져나가 영양이 손실될 우려가 있다. 찰 흑미는 독특한 향기가 강하다. 흑미영양찰떡, 흑미인절미 등에 사용한다.

검은콩

흑대두(黑大豆)라 하는 검은콩은 비장을 튼튼하게 해주고 신장을 보하여 준다. 콩의 대부분에 들어 있는 단백질로는 수용성 글리시닌이 전체 단백질의 84%이고 이외에 알부민, 프로테오스, 비단백질로 구성되어 있다. 두류는 떡에서 단백질을 보충해주는 역할을 한다. 검은콩 외에 강낭콩, 완두콩, 땅콩 등 다양한 두류를 찰떡류, 설기떡에 넣어 버무려 찐다.

팥

팥은 적소두(赤小豆)라 하는데 성질이 약간 차며 기운을 아래로 끌어내리는 작용이 있어서 몸속의 물을 잘 유통시켜 주고 소변을 잘 나오게 한다. 팥의 껍질은 단단해서 12시간 이상 불린 후 삶거나 물을 넉넉히 부어 삶아야 물러지며, 껍질 부분에는 사포닌 성분이 있는데 이것은 장을 자극하여 설사를 유발하므로 팥을 사용할 때는 반드시 처음 삶은 물을 버려 사포닌 성분을 일부 제거한 후 다시 물을 부어 삶아 사용하는 것이 좋다. 팥은 떡고물 등으로 이용되고 있으며, 제빵 제과용 및 빙과류 등 식품가공원료로 많이 사용되고 있다.

거피팥

회색팥이라고도 불리며, 검푸른 빛이 나는 팥을 물에 불려 거피하여 쪄서 고물로 만든다. 떡에 고물과 소로 가장 많이 이용된다.

녹두

녹두의 주성분은 당질과 단백질이며, 콩과 달리 당질함량이 높은 편이다. 녹두는 과거에는 타서 불렸지만 요즘은 거피된 녹두를 대략 1~2시간 불려 거피하여 쪄서 고물, 소에 이용한다.

호박

호박은 임진왜란 이후 선조 때 중국에서 우리나라에 들어왔다. 늙은 호박이라 불리우는 과육이 주황색인 청둥호박은 카로티노이드 색소를 가지고 있으며 비타민 A가 풍부하며, 호박에 껍질을 벗겨서 두툼하게 썰어서 호박시루떡을 만들기도 한다. 청둥호박을 말린 것을 호박고지라 하는데 찰떡에 넣기도 한다. 최근에는 늙은 호박보다는 단호박을 더 많이 이용한다. 잘라서 4등분하여 씨를 긁어내고 김 오른 찜통에 쪄 낸 다음, 속을 긁어 과육을 체에 내려 사용한다. 단호박은 썰어 말려서 갈아 가루로 넣기도 한다. 호박편, 호박란 등에 이용한다.

쑥

국화과의 여러해살이풀로 무기질과 비타민 A가 많아 세균에 대한 저항력을 키워주며, 치네올(cineol)이라는 특유의 정유 성분은 입맛을 돋구어 준다. 3~4월에 나는 어린 쑥을 떡에 넣어 쑥버무리, 개피떡을 해먹기도 한다. 5월 단오 이후에는 쑥의 윗부분을 사용하는데 약으로서의 효능이 가장 높을 때라고 한다.

대추

대추는 이뇨, 강장, 완화제로 쓰이고, 열매가 많이 열리므로 풍요와 다산의 의미가 함축되어 있다. 또한 관혼상제 때 필수적인 과일로 다남을 기원하는 상징품목으로서 폐백에 쓰인다. 가을에 따서 말린 건조 대추는 떡, 약식 등에 가장 많이 이용하고, 대추차 등으로도 사용한다.

밤

밤은 5대영양소를 고루 갖춘 완전식품이다. 열매는 견과이며 9~10월에 적갈색으로 익으며 가시가 있는 밤송이에 싸여 있다. 날밤의 껍질을 벗긴 밤을 생률(生栗), 밤을 껍질 채 말린 것을 황률(黃栗)이라 하며, 약재로 많이 이용된다. 떡에는 부재료로, 한과에는 숙실과에 재료로 이용된다.

잣

백자(柏子), 해송자(海松子)라고 하며 지방함량이 많아 칼로리가 높고 함량이 높다. 주로 떡에 잣가루 및 장식을 할 때 이용한다. 잣은 꼭지 부분에 있는 고깔을 반드시 떼어 낸 후 그대로 쓰거나 반으로 잘라서 비늘 잣을 만들어 사용한다. 잣가루는 잣을 곱게 다져놓은 것을 말하는데, 종이나 한지를 깔아 잣을 놓고 밀대로 밀어 기름기를 종이로 배어들게 한 다음 곱게 다져 사용한다.

호두

호두는 단백질과 지방질이 많고 특유의 향미가 있다. 견과류 중에서는 껍질이 단단하고 비타민B가 많아 어린아이에게 좋다. 호두는 지방함량이 많아 기름을 짜서 사용하기도 하나 오래 보관하면 불포화지방이 많아져서 산패가 빨리 일어나므로 산패취의 원인이 된다. 호두의 속껍질은 떫은맛이 강하므로 조리할 때는 벗겨서 사용하거나 끓는 물에 한번 데쳐내어 사용한다.

고구마

고구마는 조선시대 조엄이 구황작물로 일본에서 들여왔다. 고구마는 성인병을 예방하는 식물성 섬유질이 많이 함유되어 있을 뿐만 아니라 각종 비타민, 칼륨, 칼슘, 철, 미네랄 등이 풍부하다. 포슬포슬한 밤고구마와 같은 분질고구마는 전분이 많고 수분이 적고, 호박고구마와 같은 점질고구마는 수분함량이 높다. 최근에는 자색고구마도 떡에 많이 이용되고 있다.

석이버섯

주로 바위나 돌 등에 이끼처럼 붙어서 자라는 버섯으로, 주로 떡에 고명으로 이용한다. 사용할 때에는 미지근한 물에 10~20분 정도 불린 후 두 손으로 비벼 씻고 뒷면의 돌과 이끼를 잘 제거하여 물로 씻어낸다. 씻은 석이버섯은 물기를 짜고 돌돌 말아 채를 썰어 사용한다. 말린 석이버섯을 분쇄기에 갈아서 석이버섯가루를 만들어 떡에 사용하기도 한다.

치자

꽃은 향기가 높고 열매는 음식물을 황색으로 물들이는 데 쓴다. 황색은 카로티노이드 색소인 크로신(crocin)이 함유되어 있다. 치자는 반으로 쪼개어 물에 담가 노란색 물이 우러나면 체에 걸러 사용하거나 곱게 가루로 만들어 사용하기도 한다. 떡에 노란색을 들일 때 사용한다.

오미자

오미자과의 낙엽 활엽 덩굴나무, 5가지의 맛을 내는 오미자에는 항산화 효과가 있어, 암 발생을 예방하고 간보호 · 혈압강하 · 알코올에 대한 해독작용이 있는 것으로 밝혀졌다. 오미자는 찬물에 하룻밤 정도 담궈 붉은색이 우러나면, 떡에 붉은색을 내거나 음청류로 이용한다.

유자

운향과의 상록 교목. 중국 양자강이 원산지로 다른 감귤류와는 달리 내한성이 강하다. 유자는 채를 썰어 설탕에 재운 유자청을 설기떡이나 단자류에 소로 이용한다.

감

떫은 감의 껍질을 벗겨 말린 것은 곶감이며, 감을 말렸을 때 겉부분의 하얀 분가루를 시상(柿霜)이라 한다. 비타민 A, C가 풍부하며 감기를 예방하기도 한다. 단단한 감을 얇게 썰어 말린 후 가루로 만들어 쌀가루와 섞어 떡을 만들기도 한다.

그 외 천연색 재료

딸기가루 : 동결 건조한 천연 딸기가루를 물에 녹여서 사용한다.

홍국가루 : 홍국은 쌀을 누룩곰팡이로 발효시켜 만든 붉은 쌀가루이다.

울금가루 : 카레의 황색을 내는 재료인 울금을 말려서 빻아 가루로 사용한다.

백련초가루 : 선인장의 열매로서 얇게 썰어 말린 다음 분쇄기에 곱게 갈아 사용한다.

자색고구마가루 : 자색의 고구마로 얇게 썰어 그늘에 말린 다음 곱게 갈아 사용한다.

적채 : 적채에 물을 넣고 믹서에 간 다음 면보로 꼭 짜서 즙을 사용한다.

흑미 : 흑미를 물에 불려 방아에 빻아 체에 내려 쌀가루와 섞어 사용한다.

쑥 · 파래가루 : 쑥이나 파래를 소금물에 살짝 데친 다음, 그늘에서 건조시켜 분쇄기에 갈아 체에 내린다.

승검초 · 뽕잎 · 녹차가루 : 그늘에 말려 분쇄기에 갈아 체에 내려 가루로 만들어 사용한다.

석이가루 : 깨끗이 손질하여 말린 다음 분쇄기에 갈아 체에 내려 사용한다.

흑임자가루 : 팬에 볶아 분쇄기에 살짝 간 후 찜통에 쪄낸 다음 갈고 찌기를 반복하여 가루로 만들어 체에 내려 사용한다.

계핏가루 : 계수나무의 껍질을 말려서 곱게 빻은 가루이다.

코코아가루 · 커피가루 : 코코아콩, 커피콩을 볶아 분쇄하여 가루로 만들어 갈색을 낼 때 사용한다.

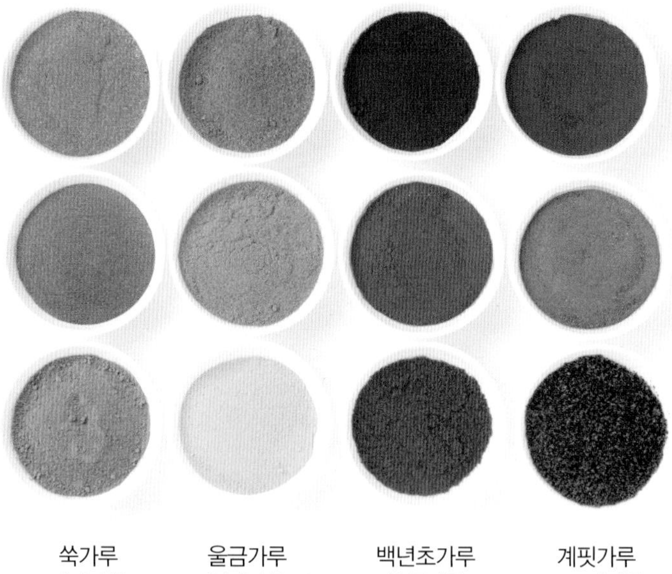

쑥가루	울금가루	백년초가루	계핏가루
파래가루	치자가루	홍국가루	코코아가루
녹차가루	단호박가루	딸기가루	석이가루

【 천연색 들이는 재료들 】

5. 떡의 용도와 성격

1) 절기의 떡

남녀노소를 가리지 않고 먹는 떡은 우리의 식생활을 비롯하여 세시풍속과 밀접한 관련이 있다.

설날(음력 1월 1일)에는 새로운 시작이 되는 날로 흰가래떡으로 떡국을 끓여 차례상에 올리고, 온 가족이 함께 한 그릇씩 먹으면서 나이가 한 살 더 먹는 것으로 여겼다. 이날의 떡국을 첨세병(添歲餠)이라고도 한다. 또한 떡국은 흰색 음식으로 순수 무구한 경건함을 표하였다. 이외에도 찰곡식으로 떡을 만든 인절미와 찰떡을 먹었다.

정월대보름(음력 1월 15일)에는 찹쌀을 쪄서 만든 밤, 대추, 설탕을 섞고 참기름과 간장을 섞어 버무린 뒤 오랜 시간을 쪄서 낸 약식을 즐겼다. 약식의 유래는 신라 소지왕 10년(488) 정월 보름에 왕이 천천정(天泉亭)에 거동했을 때, 날아온 까마귀가 왕의 생명을 구해 주었으므로 이 날을 까마귀의 제삿날로 삼고 까마귀의 털색을 닮은 약밥을 만들어 까마귀의 은혜를 깊이 생각했다는 것이다. 약식은 까마귀가 왕의 생명을 구하는 데에 대한 감사함을 표하기 위해서 까마귀 색과 같은 약식을 만들었던 것으로 후대에 전해지고 있다.

중화절(中和節)(음력 2월 1일)에는 농사철의 시작을 기념하며, 송편을 쪄서 나이수대로 나누어줌으로써 농사일을 시작하는 노비에게 수고해 달라고 술과 음식을 대접하고 노비를 격려하였다. 이때 먹었던 송편을 노비송편이라 부른다.

삼짇날(음력 3월 3일)에는 찹쌀가루를 익반죽하여 진달래꽃을 얹어 팬에 기름을 두르고 지져 꿀을 발라먹는 화전과, 진달래를 이용한 진달래 화채를 만들어 먹었다.

한식은 동지에서 105일째 되는 날에 쑥을 넣어 만든 쑥절편, 찰떡에 팥과 꿀을 소로 넣어 빚은 쑥단자를 먹었다.

초파일(음력 4월 8일)에는 느티나무의 어린순을 따서 쌀가루에 넣고 거피팥고물을 켜켜로 넣어 찐 느티떡을 만들어 먹었다.

단오(重五節)(음력 5월 5일)에는 수릿날에 수리취를 넣어 만든 수리취 절편과 수레바퀴 모양의 떡살로 찍었다 하여 차륜병(車輪餠)이라 불렀다. 또한 복숭아나 살구를 넣어 찹쌀경단을 만들어 삶아서 잣가루에 굴린 도행병(桃杏餠)을 만들어 먹었다.

유두일(음력 6월 15일)에는 밀을 거두는 때이므로 상화병이나 밀전병을 즐겨 먹었다. 음료로는 더위를 잊기 위한 음료수를 꿀물에 둥글게 빚은 흰떡을 넣어 수단(水團)을 만들어 먹었다.

칠월 칠석날(음력 7월 7일)에는 술로 발효하여 만든 증편을 많이 즐겨 먹었고, 이외에도 깨찰편, 밀설기, 주악을 만들어 먹었다.

추석(음력 8월 15일)에는 햅쌀로 빚은 것이라 하여 오려 송편이라고 한다. '오려' 란 올벼를 뜻하는 말로 그해 추수한 햅쌀로 가루 내어 빚은 떡이라고 붙여진 이름이다. 이외에도 찰떡, 인절미를 만들기도 한다.

중앙절(음력 9월 9일)에는 주인 없는 조상께 제사를 지내는 날이다. 이날은 화전인 국화 꽃잎을 따다가 국화전을 해먹거나, 삶은 밤을 으깨 찹쌀가루에 버무려 찐 떡인 밤떡을 즐겼다.

상달(10월)에는 당산제와 고사를 지내서 마을과 집안에 풍요를 비는데, 이때에는 백설기나 팥시루떡을 쪄 시루 째 대문, 장독대 등에 놓고 집을 지킨다는 성주신을 맞이하였다.

동짓날(음력 11일 20일)에는 집집마다 팥죽을 쑤어 집안 곳곳에 뿌려 나쁜 액을 막으며, 찹쌀경단을 나이수대로 먹으며 팥죽을 끓여 먹었다.

섣달납일(음력 12월 30일)에는 골무떡이 전래되고 있는데, 이것은 멥쌀가루를 시루에 쪄 꽈리가 일도록 쳐서 팥소를 넣고 골무 모양으로 빚은 떡이다.

이와 같이 우리나라는 일 년 열두 달 다양한 재료를 쓰고, 종류도 다양한 떡을 만들어 먹기를 즐겼다. 또 우리나라에서 떡은 이웃끼리 그 때에 정표로서 주고 받는 일이 많았다.

2) 통과의례의 떡

통과의례란 사람이 태어나서 생을 마칠 때까지 반드시 거치게 되는 중요한 의례이다. 의례상차림의 주요 음식품목으로 떡이 반드시 올라갔다.

삼칠일

아이가 태어난 후 21일이 되면 삼칠일이라 하여 특별하게 보내는데, 가족들이나 친지들이 방문하여 새로운 생명 탄생을 축하하고 산모에 노고를 치하한다. 삼칠일 떡으로는 아무것도 넣지 않고 순백의 백설기를 만들어 집안에 모인 가족들이나 친지들이 나누어 먹고 밖으로는 내보내지 않는다.

백 일

백일은 백날이라 하여 아이가 출생한지 100일이 된 것을 축하하는 날이다. 백(白)이라는 숫자는 성수(成數)의 극점으로 모든 것을 완성했다는 의미이다. 백일잔치는 아이가 무사히 100일을 넘김과 동시에 건강하게 자라기를 축하하는 자리이다. 백일상에 올리는 떡으로는 백설기, 수수팥경단, 오색송편 등을 준비한다. 백일떡은 백 집에 나누어 줌으로써 아이가 무병장수하여 복을 받는다고 생각하였다. 백설기는 순수와 장수를 기원하고, 붉은팥고물의 차수수경단은 귀신이 적색을 피하므로 액을 막는다는 의미와 잡귀가 붙지 못하도록 예방, 벽화(僻禍)를 하기 위한 것이다. 오색송편의 오색은 오행(五行), 오덕(五德), 오미(五味)와 마찬가지로 만물의 조화를 뜻하고, 소가 가득 찬 송편은 속이 꽉차라는 의미를 가지고 있고, 소가 없는 송편은 속이 넓으라는 의미를 가지고 있다.

돌

아기가 태어난 지 만 1년이 되는 날로 첫 생일을 축하하고 앞날을 축복하기 위해 뜻 있는 음식으로 상을 차린다. 돌상의 대표적인 음식은 백설기와 수수팥경단이다. 백설기는 흰새으로 수수 무구한 음식이며, 수수팥경단은 붉은색의 차수수로 경단을 빚어 삶고 붉은팥고물을 묻힌 떡으로 붉은색이 액을 방지한다는 믿음에서 비롯된 풍습이다. 아이 생일에 수수팥떡을 해주어야 자라면서 액을 면할

수 있다고 믿는 것은 우리나라 전역에 걸친 것으로 아이가 10세가 될 때까지 생일마다 수수경단을 해준다. 송편은 속이 꽉 차라는 의미로 올려놓았다.

책 례

책례란 책씻이, 책거리라고도 하며 아이가 서당을 다니면서 책을 한 권씩 뗄 때마다 행하던 의례로 어려운 책을 끝낸 것을 축하, 격려하는 의미로 스승님께 감사하고 함께 공부한 동기들과 자축하는 의미가 담겨있다. 이때는 작은 모양의 오색송편과 경단을 먹었다.

혼 례

혼례는 두 사람의 사랑을 하나로 결합하여 위로는 조상을 섬기고, 아래로는 후손에게 이어주는 통과의례이다. 한 번 혼인하여 배필(配匹)이 되면 한평생 헤어지지 않기 위하여 여러 가지 절차를 거친 다음 서로 확신을 가진 뒤에 혼례식을 거행하는 것이다. 혼례는 사례의 절차로 의혼(議婚), 납채(納采), 납폐(納幣), 친영(親迎)의 네 가지 과정을 밟아야 한다. 의혼은 혼례를 상의하는 절차로 양가의 어버이가 정하는 것이며, 연애를 했다 해도 결국 어른들의 동의를 받아서 정혼하는 것이 일반적인 관례였다. 납채란 혼례 날짜를 정하는 단계로 신랑집에서 사주단자를 보내면 신부집에서 날짜를 정하는 것을 말한다. 납폐란 신랑집에서 신부집으로 함에 채단과 혼서지를 넣어 함진아비에게 지워 보내는 일을 말한다. 요즘에는 혼인 전날 저녁에 함을 보내는 것이 통례이다. 신부집에서는 대청에 상을 놓고 홍보를 펴서 떡시루를 올려놓고 기다렸다가, 함이 도착하면 상 위에 놓았다가 방으로 들여간다. 이때에 올리는 떡을 봉채떡(봉치떡)이라 하는데 찹쌀 3되, 팥 1되로 찹쌀시루떡을 만드는데 쌀가루와 팥고물로 2켜만 안치고, 중앙에 대추 7개를 방사형으로 올린다. 봉채떡은 붉은 색보를 덮은 상위에 떡시루를 얹어 함이 오면 함을 시루에 북향재배(北向再拜)를 한 후 연다. 봉채떡을 찹쌀로 하는 것은 부부 금실이 찰떡처럼 화목하게 지내라는 의미이며 떡을 2켜 올리는 것은 부부 한 쌍을 의미한다. 대추 7개는 형제를 의미하여 남손번창(男孫繁昌)을 의미한다.

친영(親迎)은 신랑이 신부를 맞이해 온다는 뜻으로 혼례에서 가장 중요한 절차이다. 새벽에 일어나 정해진 시각이 되면 신랑은 안부(기러기아비)의 안내를 받으며 신부집으로 향한다. 떡으로는 달떡과 색떡이 있다. 이 떡들은 혼례를 행하는 의례상에 올리는 것이다. 혼례 의례상인 동뢰상(同牢床)에 올린다. 흰 절편인 달떡은 보름달처럼 둥글게 밝게 비추고 채우고 살아가도록 기원하는 것이다. 또한 색편으로 암수 한 쌍의 닭모양을 만들어 수탉은 동쪽에 암탉은 서쪽에 놓아 한 쌍의 부부를 의미한다. 이밖에도 혼례 때에는 초례를 행한 신랑에게 신부집에서, 신부에게 시부모가 각각 큰상을 내리게 되는데 이를 구고예지(舅姑禮之)라 하며 이때에도 신부집에서 신랑집으로 보내는 이바지 음식에 여러 가지 떡을 하게 된다. 대개는 인절미, 절편을 만들어 푸짐하게 담아 보냈다.

회 갑

나이가 61세 되는 해의 생일을 회갑이라고 하며 자손들이 연회를 베푸는 것을 회갑연이라 하여 큰상을 차리는데, 음식을 높이 고여 고배상(高排床) 또는 바라보는 상이라 하여 망상(望床)이라고도 한다. 회갑연에 올라가는 떡은 백편, 꿀편, 승검초편 등 가지각색의 편을 만들어 정사각형으로 크게 썰어 편틀에 차곡차곡 높이 괴어서 주악, 부꾸미, 단자 등의 웃기떡을 얹는다.

3) 지방별 떡의 종류와 특징

서울 · 경기도 지방의 떡

쌀과 보리 같은 다양한 농산물과 다양한 종류의 재료로 발달되었는데 서울 · 경기도 지방의 떡은 종류도 많고 모양도 화려하다. 특히 고려시대 수도였던 개성지방은 화려한 떡이 발달되었다. 대표적인 떡으로는 각색경단, 개성주악, 색떡, 여주산병, 근대떡, 개떡이 있다.

충청도 지방의 떡

충청도 지방의 떡은 양반과 서민이 구분되어 있으며 주로 농작물을 이용한 호박송편, 곤떡, 해장떡, 쇠머리떡, 약편, 곤떡, 햇보리 개떡 등이 있다.

강원도 지방의 떡

산과 바다가 공존하여 재료도 다양하고 떡의 종류도 많다. 영동과 영서 지방의 떡이 조금씩 차이가 나며 주로 나는 농작물인 감자, 옥수수, 수수, 콩, 메밀 등 밭작물을 이용하여 떡을 만들었다. 감자시루떡, 감자송편, 감자녹말송편, 댑싸리떡, 방울증편 등이 있다.

전라도 지방의 떡

곡창지대로 곡식이 가장 많이 생산되어 음식 못지않게 떡도 화려하고 사치스럽다. 전라도는 자연적 특성이 의해 먹을거리가 풍성하고, 약초와 산나물 등이 풍부하다. 대표적인 떡으로는 감시루떡, 감인절미, 꽃송편, 나복병, 수리취떡, 고치떡 등이 있다.

경상도 지방의 떡

농산물을 이용한 떡과 산간지대에 나는 칡, 청미래덩굴, 모시풀 등을 이용한 떡이 발달되어왔다. 상주와 문경에 밤, 대추, 감 등으로 만든 설기떡과 편떡을 많이 해먹고 경주의 제사떡이 유명하다 이밖에 모시잎송편, 쑥굴레, 도토리찰시루떡, 호박떡범벅, 칡떡, 잣구리 등이 있다.

제주도 지방의 떡

사면이 바다로 둘러싸인 섬이라 쌀보다 잡곡이 많이 쓰인다. 대표적인 떡으로는 조를 이용하여 만든 오메기떡, 무채를 소를 넣고 말아 만든 빙떡 등이 있다.

황해도 지방의 떡

연백평야 같은 넓은 곡창지대로 떡도 푸짐하고 큼직하다. 조를 떡의 재료에 많이 사용하며, 잔치에 나오는 떡으로는 메시루떡, 무설기떡, 오쟁이떡, 혼인절편, 잡곡부치기, 큰송편, 닭알떡이 있다.

평안도 · 함경도 지방의 떡

기온이 낮고 대륙적이고 진취적인 지방의 특색으로 인해 다른 지방에 비해 떡이 큼직하고 소담스럽게 만드는 것이 특징이며 콩, 조, 강냉이, 수수를 이용하였다. 조개송편, 노티, 장떡, 달떡, 오그랑떡, 콩떡, 강냉이 골무떡, 꼽장떡 등이 있다.

6. 떡의 호화와 노화

전분은 다당류로 아밀로오스(amylose)와 아밀로펙틴(amylopectin)으로 연결된 포도당 분자의 긴 사슬구조를 가지고 있다. 아밀로오스는 가지 없이 연결된 직선상의 구조이고, 아밀로펙틴은 모양이 나뭇가지 모양으로 가지가 많이 달린 분자구조이다. 이와 같은 형태적 특징에 의해 전분 조리 시 호화, 노화의 과정을 진행하며, 조리 시 이용된다. 멥쌀은 아밀로오스와 아밀로펙틴이 2:8의 비율로 들어 있다. 그러나 찹쌀의 경우 아밀로오스가 거의 없고 아밀로펙틴으로만 구성되어 있다.

1) 호화

떡을 물에 넣고 가열시키면 전분 분자나 물 분자는 그 운동이 심해져서 임계온도(60~75℃)에 이르면 갑자기 끈기가 세어지고 반투명해지는데 이를 전분의 호화라 한다. 호화된 전분은 점성을 가지게 되고 질감과 조직감이 향상된다.

2) 호화 요인

- **종류** : 전분의 종류에 따라 전분 입자들의 구조나 크기가 차이가 나며 아밀로펙틴이 아밀로오스보다 호화되기가 어렵다. 그러므로 찹쌀떡이 조리시간이 길다.
- **수분** : 전분 입자들이 수분을 흡수하여 팽윤 상태에 있으면 수분함량이 많을수록 호화가 잘 된다. 설기떡보다 물의 첨가량이 많은 절편류가 단시간에 익을 수 있다.

- **온도** : 가열하는 온도와 압력이 높을수록 단시간에 호화된다. 큰 입자의 전분은 낮은 온도에서 호화되고, 작은 입자의 전분은 높은 온도에서 호화된다.
- **pH** : 알칼리성에서 전분의 팽윤과 호화가 촉진된다. 전분에 산을 가하여 가열하면 산이 전분을 가수분해하므로 호화가 잘 안되고 점도가 낮아진다.
- **당** : 전분의 조리에 많은 양의 설탕이 들어가면 전분의 완전호화를 방해하므로 전분을 조리한 다음 나중에 설탕을 첨가하는 것이 호화에 미치는 영향을 줄일 수 있다.

3) 노화

떡에서 조직이 굳어지는 현상을 일반적으로 노화라고 한다. 떡의 조직이 굳어지는 현상은 수분과 밀접한 관계가 있는데, 떡의 조직에 있는 수분이 줄어들면서 부드러운 조직감을 잃게 되고 단단해지며, 질긴 탄성 상태가 된다.

떡을 냉동하였을 때 노화가 지연되는 이유는 수분이 빙결정 상태로 전분 분자 사이에 존재하는 전분 분자 간의 수소결합을 방해하기 때문에 전분 분자 간의 결정화, 즉 노화의 진행이 늦어진다.

4) 노화 요인

- **온도** : 노화가 가장 잘 일어나는 온도는 0~4℃이며, 60℃ 이상의 온도에서는 거의 일어나지 않는다. 그러나 고온에서 저장 시에는 미생물이나 효소에 의한 변질이 일어날 수 있다.
- **수분함량** : 수분함량이 줄어든 떡의 조직은 내부의 수분이 떡의 표면으로 확산되어 증발하며, 떡 조직은 점차로 찰기와 부드러운 조직감을 잃어 단단해진다. 수분함량이 높을수록 굳어지는 속도는 줄어든다.

• pH : 노화는 수소결합에 의하여 전분 분자가 합하는 변화이므로 수소이온 농도에 의하여 영향을 받는다.

• **전분의 종류** : 전분 종류에 따라 노화속도가 달라지는데 아밀로오스는 직선 분자로 입체장해가 없기 때문에 노화가 쉽고, 아밀로펙틴은 분지상 구조로 노화하기가 어렵다. 따라서 아밀로오스 함량이 많을수록 노화속도는 빠르다. 아밀로펙틴으로 구성된 찰떡은 노화가 느리다.

2) 노화 방지 방법

• **당의 첨가** : 당은 수분함량이 줄어드는 것을 방지하므로 설탕의 첨가에 따라 떡이 굳어지는 것을 막을 수 있다.

• **냉동법** : 떡을 쪄 낸 직후 노화가 덜 된 상태에서 급속동결해야 하며, 냉장의 온도를 가능한 한 빠른 시간 내에 통과하여 냉동 상태가 되는 것이 중요하다.

• **유화제 첨가** : 수분과 결합을 하는 분자와 지질과 결합을 하는 두 가지 분자구조를 갖는 물질을 유화제라고 하는데, 유화제의 첨가에 의해 굳어지는 속도가 감소한다.

7. 여러 가지 떡가루

1) 쌀가루 만들기

멥쌀가루

멥쌀가루는 소금을 넣고 체에 내린 후 수분을 주고 체에 내린 다음 손으로 살짝 쥐어 손바닥 위에서 흔들었을 때 쉽게 부서지지 않을 정도이면 수분을 알맞게 준 것이다.

재료 및 분량

멥쌀 5컵(가루 10컵), 소금 $\frac{1}{2}$큰술

만드는 방법

1. 멥쌀은 3~4회 깨끗이 씻은 후 물에 8~12시간 담가 놓는다.
2. 충분히 불려 놓은 쌀은 체에 건져 30분 정도 물기를 빼준 다음 방아기계에 내려 빻는다. 1차는 조금 굵게, 2차는 곱게 빻는다.
3. 멥쌀가루에 소금을 넣고 체에 내린 다음 봉지에 담아 냉동실에 보관하여 사용한다.

찹쌀가루

찹쌀가루는 멥쌀가루보다 수분을 조금 덜 주어야 떡이 질어지지 않는다.

재료 및 분량

찹쌀 5컵(가루 10컵), 소금 $\frac{1}{2}$큰술

만드는 방법

1. 찹쌀은 3~4회 깨끗이 씻은 후 물에 8~12시간 담가 놓는다.
2. 충분히 불려 놓은 쌀은 체에 건져 30분 정도 물기를 빼준 다음 방아기계에 내려 빻는다. 1차는 조금 굵게, 2차는 곱게 그러나 멥쌀가루보다는 굵게 빻는다.
3. 찹쌀가루에 소금을 넣고 체에 내린 다음 봉지에 담아 냉동실에 보관하여 사용한다.

2) 고물 만들기

붉은팥고물

붉은팥은 삶아서 소금을 넣고 방망이로 찧으며 각종 떡의 고물, 소로 이용된다.

재료 및 분량

붉은팥 2컵, 소금 $\frac{1}{2}$큰술, 물 12~14컵

만드는 방법

1. 붉은 팥은 깨끗이 씻어 잡티를 제거한다.
2. 냄비에 팥을 넣고 한소끔 끓인 후 뜨거운 물을 버리고 다시 6~7배의 찬물을 부어 40~60분 정도 삶는다.
3. 팥이 익으면 낮은 불에서 뜸을 들여 물기를 없앤 후 뜨거운 김이 나가면 절구에 소금을 넣고, 방망이로 대강 찧어 고물을 만든다. 혹은 어레미에 내려 사용하기도 한다.

거피팥고물

거피팥을 불려서 찜통에 찐 다음 소금을 넣고 체에 내리며 각종 떡의 고물, 소로 이용된다.

재료 및 분량

거피팥 2컵, 소금 $\frac{1}{2}$큰술

만드는 방법

1. 거피팥은 물에 담가 하룻밤(6~8시간 정도) 충분히 불린다.

2. 불린 거피팥은 제물과 함께 바가지에 담아 박박 문지르거나 손으로 비벼 씻은 후 껍질을 체에 거르고 제물을 다시 부어 문지르기를 반복하여 껍질을 벗겨낸다.
3. 찬물로 여러 번 헹구어 체에 건져 30분 정도 물기를 뺀다.
4. 김 오른 찜통에 면보를 깔고 물기 뺀 거피팥을 넣고 다시 위에 면보를 덮어 준 후 30~40분 정도 푹 찐 다음 뜨거운 김이 나갔을 때 소금과 함께 절구에 넣고 방망이로 찧어 어레미에 내린다.

※제물 : 거피팥을 불린 물

※거피팥의 삶은 정도는 손가락으로 눌러 으깨어지는 정도로 한다.

녹두고물

녹두는 불려서 찜통에 찐 다음 소금을 넣고 체에 내려 각종 떡의 고물, 소로 이용된다.

재료 및 분량

녹두 2컵, 소금 $\frac{1}{2}$큰술

만드는 방법

1. 녹두는 물에 담가 하룻밤(6~8시간 정도) 충분히 불린다.
2. 불린 녹두는 제물과 함께 바가지에 담아 박박 문지르거나 손으로 비벼 씻어 체에 껍질을 거르고 제물을 다시 부어 문지르기를 반복하여 껍질을 벗겨 낸다.
3. 거피한 녹두를 찬물로 여러 번 헹구어 조리질한 다음, 체에 건져 30분 정도 물기를 빼고 김 오른 찜통에 면보를 깔고 30~40분 정도 푹 찐다.
4. 절구에 녹두를 쏟은 후 소금을 넣고 뜨거운 김이 나가면 방망이로 찧어 어레미에 내린다.

【 각종 고물 · 가루】

3) 각종 가루 만들기

차수수가루 만들기

1. 차수수는 3~4회 정도 붉은 물이 나오지 않도록 깨끗이 씻은 후 물에 8~12 시간 담가 놓는다.
2. 충분히 불려 놓은 차수수는 체에 건져 30분 정도 물기를 빼준 다음 방아기계에 넣고 가루로 빻은 후 소금을 넣고 체에 내린다.

※물을 여러 번 갈아주어 수수의 떫은맛을 우려내는 것이 중요하다.

흰콩가루 만들기

1. 콩은 깨끗이 손질하여 재빨리 씻어 물기가 빠지면 팬에 타지 않게 볶아 맷돌이나 분쇄기에 굵게 갈아 콩껍질을 키질하여 벗겨낸다.
2. 콩은 분쇄기에 넣고 곱게 빻아 고운체에 내린다.

파란콩가루 만들기

1. 파란콩을 씻어 두꺼운 냄비에 넣고 물을 냄비 바닥에 깔릴 정도로 한 다음 물기가 거의 없어질 때까지 찐다.
2. 주름이 없어질 때까지 콩을 쪄내어 타지 않게 볶아 식힌 다음, 분쇄기에 빻아 껍질을 버린 다음 다시 빻아서 소금을 넣고 고운체에 내린다.

밤가루 만들기

1. 밤은 속껍질을 벗겨 얇게 썰어 햇볕에 널어 바싹 말린다.
2. 말린 밤을 분쇄기에 갈아서 고운체에 내린다.

※밤을 삶아서 밤 속을 파서 체에 내려 볶아서 밤가루로 이용하기도 한다.

감가루 만들기

1. 단감의 껍질을 벗겨내고 심과 씨를 없앤 다음 얇게 저며 바싹 말린다.
2. 말린 감을 분쇄기에 빻아 고운체에 쳐서 가루로 만든다.

송화가루 만들기

1. 봄에 소나무에 노란 송화가 피면, 이를 송이채 따서 3일 정도 바짝 말린다.
2. 믹싱볼에 송이채로 넣고 어레미에 쳐서 송화가루를 털어내어 찬물을 부어 송화가 뜨면, 나무주걱에 묻게 하여 깨끗한 물이 있는 그릇으로 모아 놓는다.
3. 이물질이 밑으로 가라앉고 떠있는 송화가루를 주걱으로 건져 한지에 옮기고, 덩어리를 풀어주며 바짝 말린 후 고운체에 내린다.

팥가루 만들기

1. 붉은팥을 깨끗이 씻어 끓는 물에 넣은 한 번 끓어오르면 물은 따라 버리고, 다시 8배 정도의 물을 부어 팥이 무르도록 푹 삶은 다음 어레미에 내려 겉껍질을 제거한다.
2. 어레미에 내린 팥을 중간체에 넣고 주걱으로 으깨며 팥을 내린다.
3. 내려진 팥물을 고운 면보자기에 넣고 찬물에 여러 번 주물러 헹군 다음 물기를 꼭 짜서 앙금을 만든다.
4. 기름 없는 팬에 앙금을 볶아 체에 내려 가루를 만든다.

※앙금에 설탕을 넣고 주무른 후 팬에 볶아 주기도 한다.

도토리가루 만들기

1. 가을에 나오는 햇도토리를 바짝 말려 넓적한 돌로 으깨어 겉껍질을 벗겨낸다.
2. 도토리에 물을 많이 붓고 담가두어 쓴맛을 우려낸다. 매일 2~3회씩 물을 갈아주기를 1주일 정도 계속한다.
3. 불린 도토리를 맷돌에 곱게 갈아 고운체에 쳐서 앙금을 가라앉힌 후 윗물을 버리고 다시 새물을 붓기를 2~3일 반복한다.
4. 웃물을 가만히 따라 내고 단단히 굳은 앙금을 볕에 바싹 말렸다가 두고 쓴다.

잣가루 만들기

1. 잣은 고깔을 떼어낸 다음, 젖은 면보로 먼지를 깨끗이 닦아낸다.
2. 한지 위에 잣을 놓고 덮은 다음 밀대로 밀어 기름을 뺀다.
3. 다시 종이를 바꾸어 깔고 칼날로 곱게 다진다.

※잣가루는 보관 시 키친타올에 싸서 냉동보관한다.

승검초가루 만들기

1. 당귀잎은 깨끗이 씻어 그늘에 말린다.

2. 말린 잎을 분쇄기에 갈아 체에 쳐서 가루로 만들어 쓴다.

과자는 생과와 비교하여 가공하여 만든 과일의 대용품이란 의미로
'조과(造菓)'라 부르기도 하지만 근래에는 외래의 양과자와 구분하여
약과, 강정, 다식, 정과, 과편 등을 통틀어 '한과(韓果)'라 부른다.

한과

한과

1. 정의

전통적으로 과자를 가리켜 '과정류(菓釘類)' 라 하였는데 '과정' 은 다름 아닌 과자를 이르는 한자어로, 즉 곡물에 꿀을 섞어 만든 것을 말한다. 유밀과와 다식, 정과, 과편, 숙실과, 엿강정 등을 통틀어 한과류(韓菓類)라 한다.

2. 역사

『삼국유사(三國遺事)』 가락국기(駕洛國忌)에 수로왕조(首露王條) 제수로서 '菓' 라는 말이 처음으로 쓰여졌다. 제수(祭需)로 쓰이는 菓는 본래 자연의 과일인데, 과일이 없는 계절에는 곡분으로 과일의 형태를 만들고 여기에 과수의 가지를 꽂아서 제수로 삼았다고 한다.

이처럼 우리나라 역시 과자의 기원은 과일이 없는 계절에 곡식가루로 과자 형태를 만든 것에서 비롯되었다고 볼 수 있다. 이러한 과자는 생과와 비교하여

가공하여 만든 과일의 대용품이란 의미로 '조과(造菓)' 라 부르기도 하지만 근래에는 외래의 양과자와 구분하여 약과, 강정, 다식, 정과, 과편 등을 통틀어 '한과(韓果)' 라 부른다.

3. 종류

유밀과(油蜜果)

유밀과는 한과 중 역사상 가장 사치스럽고 최고급으로 꼽히는데, 유밀과는 밀가루를 주재료로 해서 기름과 꿀로 반죽하여 튀긴 다음 즙청한 과자로 제향에 필수품으로 쓰인다. 이러한 유밀과의 가장 대표적인 것인 '약과(藥果)' 는 오늘날까지 이어지고 있다.

옛날에는 기름에 튀겨낸 밀가루 과자가 매우 특별한 음식이었다. 옛 문헌을 보면 고려 충선왕의 세자가 원나라에 가서 연향을 베푸는데 고려에서 잘 만드는 약과를 만들어 대접하니 맛이 깜짝 놀랄만큼 좋아 칭찬이 대단하였다는 글이 있다. 또 나라 안의 꿀과 참기름이 동이 날만큼 유밀과류가 성행하여 국빈을 대접하는 연향 때에는 유밀과의 숫자를 제한하는 금지령까지 내리기도 했다.

유과류(油果)

유과는 흔히들 강정이라고 부르는데, 강정의 원재료는 찹쌀이며, 고물로는 튀밥, 깨, 나락 튀긴 것, 승검초가루, 잣가루, 계핏가루 등이 쓰인다.

만드는 모양이나 고물에 따라 명칭이 다르게 표현된다. 찹쌀 반죽을 갸름하게 썰어 말렸다가 기름에 튀겨낸 후 고물에 묻히면 강정이고, 네모로 썰어 말렸다가 기름에 튀겨낸 후 고물에 묻히면 산자(散子)이며, 튀밥을 고물로 묻히면 튀밥강정이나 튀밥산자가 되고, 밥풀을 부셔서 고운 가루로 만들어 묻히면 세반강정 또는 세반산자라고 부른다. 강정바탕을 작게 썰어 말렸다가 튀겨 모아서 모이게 만든 것은 빙사과(氷似果)라 한다.

또, 겉에 무치는 고물에 따라 깨강정, 잣강정, 콩강정, 송화강정, 당귀강정, 계핏강정, 세반강정 등으로 불리우며, 산자는 고물에 착색한 색깔에 따라 백산자, 홍산자, 매화산자 등으로 불리운다.

다식류(茶食)

다식은 볶은 곡식의 가루[노란콩가루, 파란콩가루, 흑임자가루, 녹두녹말]나 송화가루를 꿀로 반죽하여 뭉쳐서 다식판에 넣고, 갖가지 문양이 나오도록 박아낸 한과로 녹차와 곁들여 먹으면 차 맛을 한층 더 높여 준다. 다식을 찍어내는 모양틀은 문양이 매우 다양하다. 부귀다남(富貴多男) '수(壽), 복(復), 강(康), 령(寧)' 의 인간의 복을 비는 글귀를 비롯해서 꽃무늬, 수레바퀴무늬, 완자무늬 등에 이르기까지 조각의 모양새가 정교하여 그 시기의 예술성을 엿볼 수 있는 하나의 도구이다.

정과류(正果)

정과(正果)는 전과(煎果)라고도 하며, 비교적 수분이 적은 뿌리나 줄기, 또는 열매를 설탕시럽과 조청에 오랫동안 졸여 쫄깃쫄깃하고 달콤하며 섬유조직이 다 보이도록 투명하게 조려진 게 잘된 정과이다.

정과의 종류는 끈적끈적하게 물기가 있게 만드는 진정과와 설탕의 결정이 버석버석거릴 만큼 아주 마르게 만드는 건정과로 나눌 수 있으며, 당장법(糖藏法)을 이용한 저장 식품이다.

숙실과류(熟實果)

숙실과는 과수의 열매나 식물의 뿌리를 익혀서 꿀에 조린 것으로 실과를 날로 안 쓰고 익혀 만든 과자이며, 조과(造果)가 있는데, 만드는 방법에 따라 초(炒)와 란(卵)이 있다.

그 중에서도 '초(炒)' 라는 말이 들어가는 숙실과로 밤초와 대추초가 있는데 밤이나 대추를 제 모양대로 꿀에 넣어 조린 것을 이른다.

또 '란(卵)' 이라는 말이 이름 끝에 붙는 숙실과는 실과를 삶거나 쪄서 으깬 것을 다시 제 모양으로 빚어 만드는 것으로 밤이 재료인 율란, 대추가 재료인 조란, 생강이 재료인 생란 등이 여기에 속한다.

과편류(果片)

과편은 과일 중 신맛이 나는 과일을 삶아 거른 즙에 녹두녹말가루, 설탕, 물을 넣어 조려 엉기게 한 뒤, 네모지게 썰어 놓은 것이다. 딸기나 앵두, 살구, 산사와 같이 과육이 부드럽고 맛이 시어야 하며 빛깔이 고와야 한다.

과편 역시 어떤 과일로 만드느냐에 따라 이름이 붙여지는데 앵두편, 복분자편, 살구편, 오미자편 등이 대표적이며 최근에 와서는 키위나 오렌지 등으로 과편을 만들기도 한다.

문헌에 나오는 과편 중 가장 빈도 수가 높은 것은 앵두편으로 편의 웃기나 생실과의 웃기로 사용되었다.

4. 한과의 고물

세반

찹쌀을 씻어 불렸다가 건져서 고두밥을 찐 다음 식으면 알알이 떼어 말린다. 절구에 넣고 곱게 빻아 모시나 베주머니에 싸서 끓는 기름에 잠깐 튀긴 다음 한지를 깔고 기름을 뺀다. 튀긴 것이 거칠 경우에는 도마에 놓고 다져서 쓴다. 여러 가지 색을 낼 경우에는 쪄서 말린 지에밥에 치자를 이용하여 노랑색, 분홍색 물을 들인 후에 앞서와 같은 방법으로 말린다. 푸른색을 낼 경우에는 세반에 쑥가루나 파래가루를 섞어 사용한다.

깨고물

깨를 물에 씻고 돌 없이 잘 일어 그릇에 담는다. 물을 조금 넣어 비벼서 껍질을 벗긴다. 물에 씻어 위에 뜨는 빈 껍질은 버리고 알맹이만 씻는 것을 '실깨한다' 고 한다. 실깨한 깨를 건져내어 물기를 뺀 다음 넓은 솥에 넣어 타지 않게 볶아낸다.

잣고물

잣은 고깔을 떼고 마른행주로 닦은 다음, 도마 위에 여러 장의 한지를 깔고 밀대로 밀어 기름기를 제거한 다음 칼로 곱게 다진다.

'장수'는 신맛이 나는 음료인데, 전분을 함유한 곡류를 젖산 발효시킨 뒤, 맑은 물을 첨가하여 마시는 매우 찬 음료로 여겨지며, 이러한 사실로 미루어 이미 삼국시대에 청량음료가 성행되었음을 알 수 있다.

음청류

음청류

1. 정의

음청류는 술 이외의 모든 기호성 음료를 말하는 것으로 우리나라는 예로부터 금수강산의 감천수(甘泉水)를 이용하여 좋은 음료를 만들어 먹어왔다. 달고 시원한 물에 여러 가지 한약재, 꽃, 과일, 열매 등을 달이거나 꿀에 재워 두었다가 먹었는데 병을 예방할 수도 있고, 더위와 추위를 이기는 여러 가지 음청류가 발달하였다. 문헌에 수록된 여러 가지 음청류를 종류별로 분류하면 대용차, 탕, 장, 갈수, 숙수, 화채, 식혜, 수정과, 미수, 수단, 밀수 등으로 나뉜다.

재료로 분류해 보면 한약재, 꽃, 열매, 잎, 뿌리, 곡물로 나뉘는데 대부분이 비교적 쉽게 얻을 수 있는 것들이다.

2. 역사

전통음료에 대한 최초의 기록은 1145년 「삼국사기(三國史記)」에서 찾아볼 수 있다. 『삼국사기』 〈김유신조〉에 의하면, 싸움터에 나가던 김유신은 자기 집 앞을 지나가게 되었으나, 그냥 집 앞을 통과하고 한 사병을 시켜 집에서 '장수(漿水)'를 가져오게 하여 그 맛을 보았다고 한다. 그리고 집의 물맛이 전과 다를 바 없었으므로 안심하고 전장(戰場)으로 떠났다는 것이다. 여기서 말하는 '장수'는 신맛이 나는 음료인데, 전분을 함유한 곡류를 젖산 발효시킨 뒤, 맑은 물을 첨가하여 마시는 매우 찬 음료로 여겨지며, 이러한 사실로 미루어 이미 삼국시대에 청량음료가 성행되었음을 알 수 있다.

『삼국유사(三國遺史)』 〈가락국기수로왕조〉에 보면 "수로왕이 왕후를 맞는 설화 가운데는 왕후를 모시고 온 신하와 노비에게 수로왕이 음료를 하사하였다."라는 기록이 있는데, 이때의 음료로 열거된 난액(蘭液)과 혜서(蕙醑)가 어떤 종류의 것인지 그 내용은 확실히 알 수 없다. 그러나 난액은 난의 향을 곁들인 음료가 아닌가 생각되고, 혜서 역시 난의 향을 곁들여 발효시킨 발효성 음료일 것으로 추측된다.

『거가필용(居家必用)』에 보면 차(茶)에다 용뇌(龍腦), 구기(拘杞), 목서(木犀), 밀감(密柑)의 꽃, 녹두(綠豆) 등을 섞은 순차류(純茶類)가 아닌 차음료(茶飮料)도 수록되어 있어 이를 차로 상용하였음을 알 수 있다.

그러나 일반적으로 가장 많이 음용되었던 것은 숭늉이었을 것이다. 삼국시대부터 온돌이 발달되고, 부뚜막이 생기고, 부뚜막에 가마솥을 걸고 밥을 지으면서, 솥 밑바닥에 눌어붙은 밥알인 누룽지에 물을 붓고 끓여 만든 구수한 숭늉이 서민의 유일한 음료였던 것이다.

조선시대에 이르러서는 일상 식생활의 과학적인 합리성이 높아지고, 양생음식(養生飮食)이 발달하면서 술, 죽, 떡, 음료류에 한약재의 쓰임이 많아졌다. 그리하여 차를 마시는 대신 식혜, 화채, 수정과, 밀수 등의 음료류가 발달하게 되었다.

화채(花菜)가 처음 기록되어 있는 조리서는 1849년의 『동국세시기』이다. 1896년 『연세대규곤요람』에는 복숭아화채와 앵도화채가, 1800년대 말엽 『시의전서』에서는 배화채 · 복분자화채 · 복숭아화채 · 순채화채 · 앵도화채 · 장미화채 · 진달래화채 등이 기록되어 있는 것으로 보아, 조선시대에 차가 쇠퇴되면서 화채가 발달된 것으로 생각된다. 문헌에 기록된 화채의 종류는 30여 가지에 이른다. 붉은색의 오미자 물을 이용한 화채로는 진달래화채 · 오미자화채 · 가련화채 · 창면 · 보리수단 · 배화채 등이 있으며, 꿀물을 이용한 화채로는 원소병 · 떡수단 · 보리수단 등이 있다. 이들 화채는 복숭아 · 유자 · 앵두 · 수박 등 제철의 과일을 꿀이나 설탕에 재웠다가 꿀물에 띄워 만든다.

3. 종류

우리의 음청류는 종류, 형태, 조리법에 있어서 매우 다양하다. 예로부터 전통음료는 차(茶), 화채(花菜), 밀수(蜜水), 식혜(食醯), 수정과(水正果), 탕(湯), 장(漿), 갈수(渴水), 숙수(熟水), 수단(水團), 즙(汁), 우유(牛乳) 등으로 분류하여 왔다. 또한 일상식, 절식, 제례, 대 · 소연회식 등에 반드시 올랐으며 삼국시대로

접어들면서 식생활이 체계화되어 주식, 부식, 후식의 형태로 나뉘어짐에 따라 전통음료는 후식류로 발달하게 되었다.

탕(湯), 장(漿), 갈수(渴水), 숙수(熟水) 등 향약을 이용한 음청류는 조선시대 음청류 속에 뿌리를 내리지 못하고 거의 사라져버렸다. 이러한 우리의 전통음료는 모두 자연에서 산출된 자연물을 이용함으로써, 사계절의 변화가 고스란히 담겨 맛으로 표출되고 있으며, 지극히 자연스런 맛과 멋을 즐겼던 조상들의 낭만과 풍류, 정성이 깃들어 있는 고유한 음식이라고 할 수 있다.

1) 대용차

차나무 잎이 아닌 다른 재료를 써서 음료를 만들었을 경우에는 대용차라 부른다. 대용차는 삼국시대에 이미 음료로 이용되었으나 차가 쇠퇴하기 시작한 조선 중엽 이후부터 성행하기 시작하였다. 각종 약재, 과일, 곡류 등의 재료들을 가루내거나 말려서 또는 얇게 썰어서 꿀이나 설탕에 재웠다가 끓는 물에 타거나 직접 물에 넣어서 끓여 마시는 것으로 '차'라고 이름 붙여 분류하지만 그 내용은 장(漿), 탕(湯)과 같을 수도 있다.

약재를 이용한 차

『증보산림경제』에 수록된 차로는 강죽차, 당귀차, 산사차, 오매차, 자소차, 형개차 등이 있으며 그 외에도 계지차, 두충차, 대추차, 소엽차, 생강차, 오과차, 오미자차, 인삼차, 칡차 등이 있다.

잎을 이용한 차

연한 잎을 채취하여 건조시킨 후 뜨거운 물에 우려마시는 것으로 감잎차, 뽕잎차, 솔잎차, 쑥차, 연엽차 등이 있다.

꽃을 이용한 차

꽃잎을 뜨거운 물에 우려 꿀과 설탕을 가미한 차로 『규합총서』에 수록된 국화차, 매화차가 있으며 대부분의 꽃차들이 속한다.

곡류를 이용한 차

찹쌀, 율무, 보리, 옥수수 등을 볶거나 낱알 그대로 끓여서 차로 마신다. 『증보산림경제』에 수록된 녹두차, 율무차 등이 있다.

열매를 이용한 차

과육이나 과피를 꿀이나 설탕에 재어 청(淸)을 만들어 두고 차를 만들거나 끓는 물에 넣고 맛이 우러나도록 달이는 차로 매실차, 포도차, 모과차, 석류피차, 유자차 등이 있다.

2) 탕

탕(湯)은 꽃이나 과일 말린 것을 물에 담그거나 끓여 마시는 것과, 한약재를 가루내어 끓이거나 오랫동안 졸였다가 고(膏)를 만들어 저장해 주고 타서 마시는 음료로 제호탕, 습조탕, 행락탕, 회향탕 등이 있다. 그 중 조선시대에는 더위를 이기는 가장 으뜸의 음료로 제호탕을 꼽았다. 제호탕(醍醐湯)은 오매육 · 초과 · 축사 · 백단향 등 위를 튼튼하게 하고, 장의 기능을 조절하여 설사를 그치게 하는 효능이 있는 약재를 가루 내어, 꿀에 섞어 달여 냉수에 타서 먹는 음료이다. 조선시대 궁중의 내의원에서는 단오날에 제호탕을 마련하여 임금께 진상하고, 임금은 조정의 중신들에게 하사하여 주는 풍속이 있었다.

3) 장

장(漿)은 곡물의 젖산발효 음료로서, 중국의 『예기』나 『주례』에는 음료수의 한 종류로 소개되어 있는데, 곡물을 발효시켜 만든 산미음료이다. 또 다른 장(漿)이 있는데 이는 향약, 과실, 외무리 등을 꿀, 설탕, 녹말을 풀은 물에 침지하여 숙성시켜서 약간 신맛이 나도록 하여 물을 마시거나, 향약재나 과일 등을 꿀이나 설탕을 넣고 졸인 것을 물에 타서 마시는 것으로, 여지장, 모과장, 유자장, 매장과 『규합총서』에 수록된 계장, 귀계장 등이 있다.

4) 갈수

갈수(渴水)는 농축된 과일을 한약재 가루를 섞어 달이거나, 한약재에 누룩 등을 넣어 꿀과 함께 달여서 마시는 음료로 『임원십육지』 외에 조선조 문헌에는 거의 기록되지 않은 것으로 보아 우리나라에서는 많이 사용하지 않은 것 같다.

그 종류로는 오미갈수, 모과갈수, 포도갈수, 임금갈수, 향당갈수, 어방갈수 등이 있다.

5) 숙수

숙수(熟水)는 향약초만을 사용하여 백비탕에 넣어 밀봉하여 두고 감미료는 전혀 사용하지 않는 향기 위주의 음료이다. 서유거는 『옹회잡지』에서 "숙수란 향약초를 달여서 만든 것으로 송나라 사람이 가장 즐겨 마시는 것이다. 인종 때 한림원에 명하여 가장 좋은 탕음(湯飮)을 만들라 하여 한림원에서는 자소숙수를 만들었다"라고 했으며 "우리나라에서는 가마솥에 밥을 지은 뒤 솥 바닥에 밥을 눌게 하여 물을 부어 끓인 숭늉을 숙수라 하였는데 이름은 같으나 실물은 다르다"고 말하고 있다. 이것으로 보아 숙수는 향약음료이나 조선시대에는 뿌리를 내리지 못하였으며 숙수를 숭늉이라 하였음을 알 수 있다. 향약을 이용한 숙수로는 자소숙수, 침향숙수, 두구숙수, 율추숙수 등이 있다.

6) 화채

화채(花菜)는 오미자국물이나 꿀물, 과즙 등 기본이 되는 국물에 제철 과일을 저며서 띄우거나 꽃잎, 면, 보리, 떡 등을 띄우는 전통적인 우리의 음료로 얼음을 몇 조각 넣으면 더위를 식히기도 하고 운치도 있다.

오미자를 이용한 화채

오미자는 다섯 가지 맛을 가진 열매로 고유한 붉은색과 산뜻한 신맛이 있어 그 색과 맛을 우려낸 즙액은 청량음료로서 적당하다. 『동의보감』에는 오미자를 "열매의 껍질과 살은 달고, 시며, 씨의 속맛은 맵고, 쓰고, 전체로는 짠맛이 있어 이렇게 다섯 가지 맛을 모두 구비하고 있기 때문에 오미자라고 이름을 붙인 것이다. 이 다섯 가지 맛은 각각 다르게 몸에 작용을 하는데, 시고 짠맛은 간을 보호하고, 맵고 쓴맛은 폐를 보호하고, 단맛은 자궁에 좋다"라고 설명하고 있다. 오미자를 이용한 화채에는 진달래화채, 착면, 순채화채, 보리수단, 배화채 등이 있다.

꿀이나 설탕을 이용한 화채

우리나라는 예부터 꿀물을 이용한 청량음료를 많이 이용하였다. 자연산 봉밀과 함께 양봉밀의 시작은 정확히 알기 어려우나 일본 『서기』에 "백제의 왕자가 양봉기술을 가르쳐 주었다"라는 기록으로 보아 삼국시대에 이미 양봉으로 꿀을 얻었음을 추측할 수 있다. 빛깔이 검은 꿀은 주로 약꿀로 쓰이며 음료에는 흰 꿀이 쓰인다. 화채에 사용하는 꿀로는 아카시아꿀, 유채꿀 등이 좋다.

설탕이 처음 유입된 시기는 정확치 않으나 고려시대로 추측해 볼 수 있다. 대각국사(1051~1101)의 제자가 사탕을 좋아했다 하여 고려 초부터 있었음을 알게 한다. 조선 후기에는 꿀의 대용으로 설탕의 사용이 빈번해짐을 알 수 있다. 꿀물이나 설탕물을 이용한 화채로는 앵두화채, 산딸기화채, 복숭아화채, 유자화채 등이 있다.

과일즙을 이용한 화채

과일의 즙을 짜서 꿀이나 설탕, 물을 합하여 국물을 만들고, 계절과일을 조각내어 띄운 것으로, 그 종류로는 앵두화채, 수박화채, 포도화채, 밀감화채, 딸기화채 등이 있다.

7) 식혜

식혜(食醯)는 독특한 단맛과 우아한 고유의 향기를 가지고 있는 대표적인 음청류이다. 1800년대 말의 조리서인 『시의전서』에 식혜를 만드는 법이 기술되어 있는 것으로 보아 이미 오래 전부터 널리 이용되어 왔음을 알 수 있다.

엿기름가루를 우려낸 물에 밥을 담가 일정시간 삭혀서 단맛이 많고 신맛이 약간 있는 우리나라 고유의 음료이다. 식혜의 맛은 엿기름가루에 달려 있는데 『시의전서』에는 "겉보리를 절구에 살살 찧어 까불어 물에 담갔다가 건져서 동이에 담가 콩나물 싹 튀듯 한다. 물을 쳐서 까불러가며 싹 트거든 물에 씻어 시루에 안치고 물을 준다. 하루 걸러씩 물에 씻어 안쳐 기른다. 싹튼 보리가 제 몸 길이 만큼씩만 나면 반쯤 마르면 손으로 자란 싹을 비벼 까불러서 아주 바싹 말려두고 쓴다."고 엿기름 기르는 법에 대해 설명하고 있다.

식혜는 보통 단술 또는 감주라고 부르나, 삭히고 난 후 밥알은 건져 물에 헹구고 국물은 한 번 끓여 식혀서 밥알을 띄워먹는 것을 식혜라 하고, 삭히고 난 후 밥과 국물을 같이 끓여서 밥알은 건져내고 국물만 먹는 것을 감주라고 구별하기도 한다. 그런데 『시의전서』에서는 곡물과 엿기름으로 감주를 만들고 여기에 유자를 섞어 산미를 더한 것을 식혜라 하였다. 식혜에는 연엽식혜, 안동식혜 등이 있다.

1700년대의 음식을 적은 우리나라 문헌에 보면 생선 식해와 동물 식해에 관한 기록들이 주로 나오는데, 1740년대의 『수문사설』에 처음으로 감주, 식혜에 대한 기록이 나오고 있다. 따라서 조선시대는 오늘날 우리가 알고 있는 전통음식이 정착되어가는 시기로 주식, 찬물류, 장과 초 같은 주 · 부식 외에도 병과류와 전통음료 같은 기호품의 조리가공 기술이 크게 발전된 시기라고 볼 수 있다.

8) 수정과

수정과(水正果)는 일본이나 중국의 사전에서도 찾아볼 수 없는, 우리나라 특유의 음청류이다.

생강, 계피, 후추 끓인 물을 바탕으로 하여, 여기에 곶감을 건지로 띄우는 수정과는 생강 끓인 물을 이용한 대표적인 음료이다.

문헌상으로 보면, 영조 41년(1765년) 『수작의궤』라는 궁중 연회의 식단에 처음으로 수정과가 나타나고, 순조 27년(1827년)의 『진작의궤』에 수정과 재료, 분량이 기록되어 있다. 이때에는 물에다 백청만 타서 실백자를 띄우고 수정과라 했으며, 오늘날과 같은 곶감과 생강을 넣은 수정과는 1868년부터 시작되었다고 한다.

수정과는 방신영의 1913년 『조선요리제법(朝鮮料理製法)』 이후의 조리서에 고루 기록되어 있고, 식혜와 함께 대표적 전통음료로 뿌리내려 왔다.

수정과의 종류로는 곶감수정과, 배수정과(배숙), 향설고(상설고) 등이 있다.

9) 밀수

밀수(蜜水)는 재료를 꿀물에 타거나 띄워서 마시는 것으로, 소나무의 꽃가루인 송화를 꿀물에 타서 만든 송화밀수를 비롯하여, 찹쌀 · 멥쌀 · 보리 · 율무 · 검은콩 · 검은깨 등 여러 곡물을 각각 볶아서 가루를 내어 미숫가루를 만들어 물에 타서 마시는 미수가 있다. 미숫가루를 시원한 물에 타서 마시면 시원할 뿐만 아니라 요기도 되었다.

10) 수단

수단(水團)은 곡물을 그대로 삶거나 가루내어 흰떡 모양으로 빚어서 썬 다음 녹두 녹말가루를 묻혀 삶아내고 꿀물을 타서 먹는 것이다. 수단은 계절에 따라 초여름에는 햇보리에 녹두 녹말가루를 씌워 삶아 만든 보리수단을 즐기며, 여름철에는 떡수단을, 겨울에는 찹쌀가루를 익반죽하여 색을 들인 원소병을 만든다. 국물은 오미자 우린 물이나 꿀물로 할 수 있다.

찌는 떡은 떡의 기본형으로 가장 오래된 최초의 조리법으로
찌는 방법에 따라 설기떡과 켜떡으로 구분한다.

찌는떡

백설기

설기떡이란 쌀가루에 설탕물을 내려 켜를 만들지 않고 한 덩어리가 되게 찐 떡으로 무리떡이라고도 한다. 백설기는 순수무구함의 의미를 가지고 있어 백일상, 돌상에 꼭 올리는 떡이다.

재료

멥쌀가루 5컵, 소금 $\frac{1}{2}$큰술, 설탕 5큰술

만들기

1. **가루준비**
   쌀가루에 소금을 넣고 체에 한 번 내린 후 물을 넣고 손으로 비벼 수분이 고루 닿게 한 후 고운체에 다시 한 번 내려 설탕을 넣고 섞는다.

2. **안치기**
   딤섬에 시룻밑을 깔고 수분을 맞춘 쌀가루를 안친 다음 윗면을 평평하게 다듬는다.

3. **찌기**
   찜통에 물을 안친 후 김이 오르면 준비한 딤섬을 올리고 15분간 쪄낸 후 접시를 덮고 엎어 쏟아낸다.

Tip

· 고운체에 여러 번 내려 사용하면 카스텔라처럼 부드럽고 폭신한 백설기를 만들 수 있다.
· 불의 세기에 따라 메떡은 15~20분, 찰떡은 20~25분 정도 찐다.
· 설탕물이나 꿀로 수분을 주기도 한다.
· 절편 반죽에 색을 들여 떡 위에 장식한다.

무지개떡

고물 대신에 쌀가루에 원하는 색을 나누어 물을 들여 찐 무리떡으로 색떡이라고도 하며, 생일이나 행사 축하떡으로 많이 이용한다.

재료

멥쌀가루 10컵, 소금 1큰술, 설탕 10큰술

부재료

딸기가루 $\frac{1}{2}$작은술, 치자가루 $\frac{1}{2}$작은술, 쑥가루 1작은술, 코코아가루 1작은술

만들기

1. **밑준비**
   쌀가루에 소금을 넣어 체에 내린 후 2컵씩 5등분한다.
2. **색내기**
   5등분한 쌀가루에 각각 딸기가루, 치자가루, 쑥가루, 코코아가루에 물을 넣어 쌀가루와 섞어 체에 내려 곱게 색을 낸다.
3. **물내리기**
   색을 들인 쌀가루에 부족한 수분을 주고 중간체에 내린 다음 설탕을 2큰술씩 넣어 고루 섞는다.
4. **안치기**
   질시루를 물에 담갔다 물기를 닦고 시룻밑을 깔고 색들인 쌀가루를 흰색-노란색-분홍색-초록색-갈색 순으로 켜켜이 안친다.
5. **찌기**
   찜통에 물을 안친 후에 김이 오르면 준비한 시루를 올리고 15분간 쪄낸 다음 접시를 덮어 뒤집어 떡을 꺼낸다.

Tip

· 쌀가루를 안칠 때 솔솔 뿌려 눌러지지 않도록 하며, 은은한 색이 나도록 조절한다.
· 절편 반죽에 색을 들여 떡 위에 장식한다.

팥시루떡

붉은팥고물을 만들어 쌀가루와 켜켜로 놓고 찌는 떡으로, 붉은팥의 붉은색이 잡귀를 없애준다고 하여 이사, 개업, 고사 등을 지낼 때 액을 막고 복을 나누는 의미로 나누어 먹는 떡이다.

재료

멥쌀가루 5컵, 소금 $\frac{1}{2}$큰술, 설탕 5큰술

부재료

고물 : 붉은팥 1컵, 소금 1작은술

만들기

1. **밑준비**
   팥을 깨끗이 씻어 물을 붓고 삶아 1차는 버리고 다시 물(5~6컵)을 붓고 삶아 팥이 거의 무르면 낮은 불로 뜸을 들여 수분을 날린다. 다 삶은 팥에 소금을 넣고 절반쯤 찧어 고물을 만든다.
2. **가루준비**
   쌀가루에 소금을 넣어 고운체로 내린 후 적당량의 물을 주어 다시 체에 내린다.
3. **안치기**
   딤섬에 시룻밑을 깔고 준비한 팥고물의 절반을 골고루 뿌린 다음 쌀가루를 뿌리고 나머지 팥고물을 뿌린 다음 평평하게 다듬는다.
4. **찌기**
   찜통에 물을 안친 후 김이 오르면 준비한 딤섬을 올리고 15분간 쪄낸 후 접시를 덮고 엎어 쏟아 낸다.

Tip

· 질시루는 사용할 때에는 물에 담가 충분히 수분을 머금고 있어야 떡을 찌고 났을 때 날가루가 생기지 않는다.
· 찹쌀가루를 섞어서 팥시루떡을 하기도 한다.

물호박시루떡

가을철 수확하는 청둥호박은 밭에서 늙혀 늙은호박이라고도 부르는데, 청둥호박에는 비타민 A로 전환되는 카로틴이 많아 몸에 이로울 뿐 아니라 특유의 향과 저분저분한 맛이 고향을 느끼게 하는 소박한 떡이다.

재료

멥쌀가루 5컵, 소금 $\frac{1}{2}$큰술, 설탕 5큰술

부재료

늙은호박 100g(손질 후 80g), 설탕 1작은술, 소금 $\frac{1}{4}$작은술, 거피팥 1컵, 소금 1작은술

만들기

1. **밑준비**
   호박은 반을 갈라 씨를 빼고 껍질을 벗긴 후 0.5cm 두께로 납작하게 썰어 설탕, 소금을 뿌려 준비한다. 거피팥은 충분히 물에 불려 거피한 후 찜통에 무르게 쪄낸 후 큰 그릇에 넣고 소금을 넣고 절구에 빻아 체에 내려 고물을 만든다.

2. **가루준비**
   쌀가루에 소금을 넣고 체에 한 번 내린 후 수분을 주어 다시 한 번 고운체에 내려 설탕을 넣어 버무려 섞는다.

3. **안치기**
   딤섬에 시룻밑을 깔고 고물을 넉넉히 고르게 편 후 고물-쌀가루-호박-쌀가루-고물 순으로 안친다.

4. **찌기**
   김이 오른 찜통에 딤섬을 넣고 25분 정도 찐 다음 접시를 덮고 엎어 쏟아낸다.

Tip

· 호박이 가지고 있는 수분이 있으므로 물 내리기를 할 때 가감을 해야 한다.
· 멥쌀가루를 이용해 찌는 떡은 반드시 뜸을 들인다.
(호화되지 않은 전분입자가 완전히 호화될 때 떡맛이 더욱 좋아진다.)

삼색편(백편, 꿀편, 승검초편)

흰쌀가루의 백편과 꿀과 캐러멜소스를 넣은 꿀편, 승검초가루를 넣어 만든 승검초편으로 세 가지 색의 설기를 말한다. 색은 다른 재료를 사용할 수 있다.

재료

멥쌀가루 6컵, 소금 $\frac{2}{3}$큰술, 설탕 4큰술

부재료

승검초가루 1작은술, 밤 10개, 대추 10개, 잣 1큰술, 캐러멜소스: 설탕 2큰술, 물 2큰술 , 꿀 1큰술

만들기

1. **밑준비**
   쌀가루에 소금을 넣고 체에 내려 3등분한다. 밤은 껍질을 벗겨 편으로 썬 후 곱게 채썰고, 대추도 돌려깍기하여 곱게 채썰고, 잣은 손질하여 반으로 잘라 비늘잣을 만든다. 캐러멜소스를 만든다.
2. **색내기**
   꿀편은 꿀과 캐러멜소스를 넣어 고루 섞은 후 체에 내리고, 승검초편은 승검초가루를 섞어 체에 내린다.
3. **물내리기**
   백편은 물로 수분을 맞추고, 꿀편은 캐러멜소스와 꿀, 물로 색과 수분을 맞추고, 승검초편은 승검초가루를 섞어 색을 낸 후 물을 맞춰 체에 내린다.
4. **안치기**
   백편가루와 승검초가루에 각각 설탕을 2큰술씩 넣고 체에 내린 후 찜기에 젖은 면보를 깔고 3색의 쌀가루를 각각 안친다.
5. **찌기**
   김 오른 찜기에 안쳐 15분 정도 찐 다음 접시를 덮고 엎어 쏟아낸다.

Tip

· 캐러멜소스는 팬에 설탕을 넣고 약불에 올려 설탕이 다 녹으면 미지근한 물을 부어 끓인다.
· 승검초편은 승검초를 믹서기에 갈아 쌀가루와 섞어 만들 수도 있다.

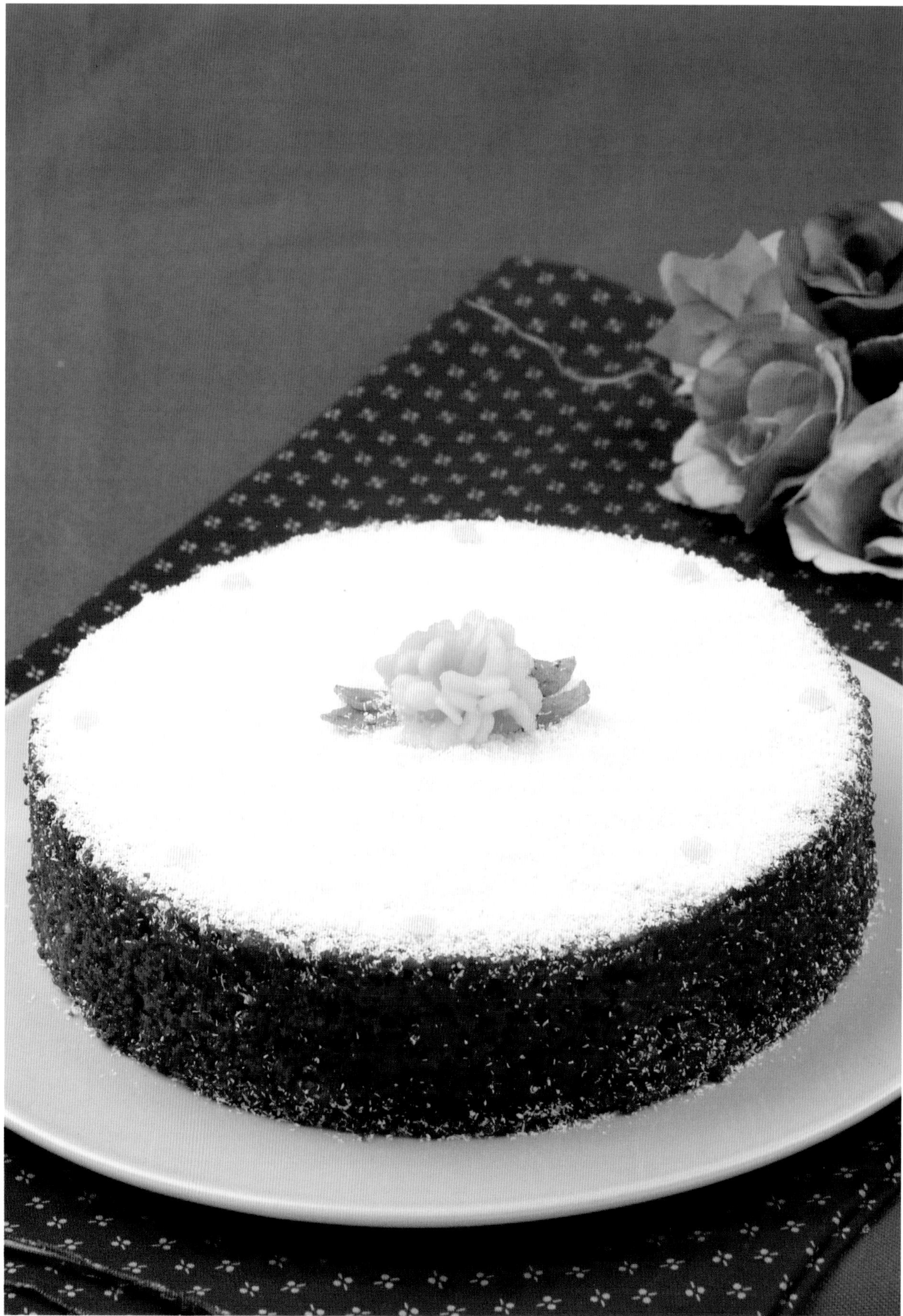

흑미떡케이크

검은색 항산화성이 많은 흑미를 쌀가루에 넣어 만든 맛이 구수하고 향이 좋은 설기떡이다.

재료
멥쌀가루 4컵, 흑미가루 1컵, 소금 $\frac{1}{2}$큰술, 설탕 5큰술

부재료
코코넛가루 $\frac{1}{2}$컵

만들기

1. **가루준비**
   쌀가루에 흑미가루, 소금을 섞어 체에 한 번 내린 후 수분을 주어 다시 한 번 체에 내려 설탕을 섞는다.
2. **안치기**
   대나무찜기에 시룻밑을 깔고 준비한 쌀가루를 살포시 안친다.
3. **찌기**
   김이 오른 찜통에 대나무찜기를 넣고 18분 정도 찐 후 접시에 덮고 뒤집어서 떡을 꺼낸 후 코코넛가루를 떡 위에 뿌린다.

Tip
· 흑미설기떡 위에 코코넛가루를 뿌려 장식한다.

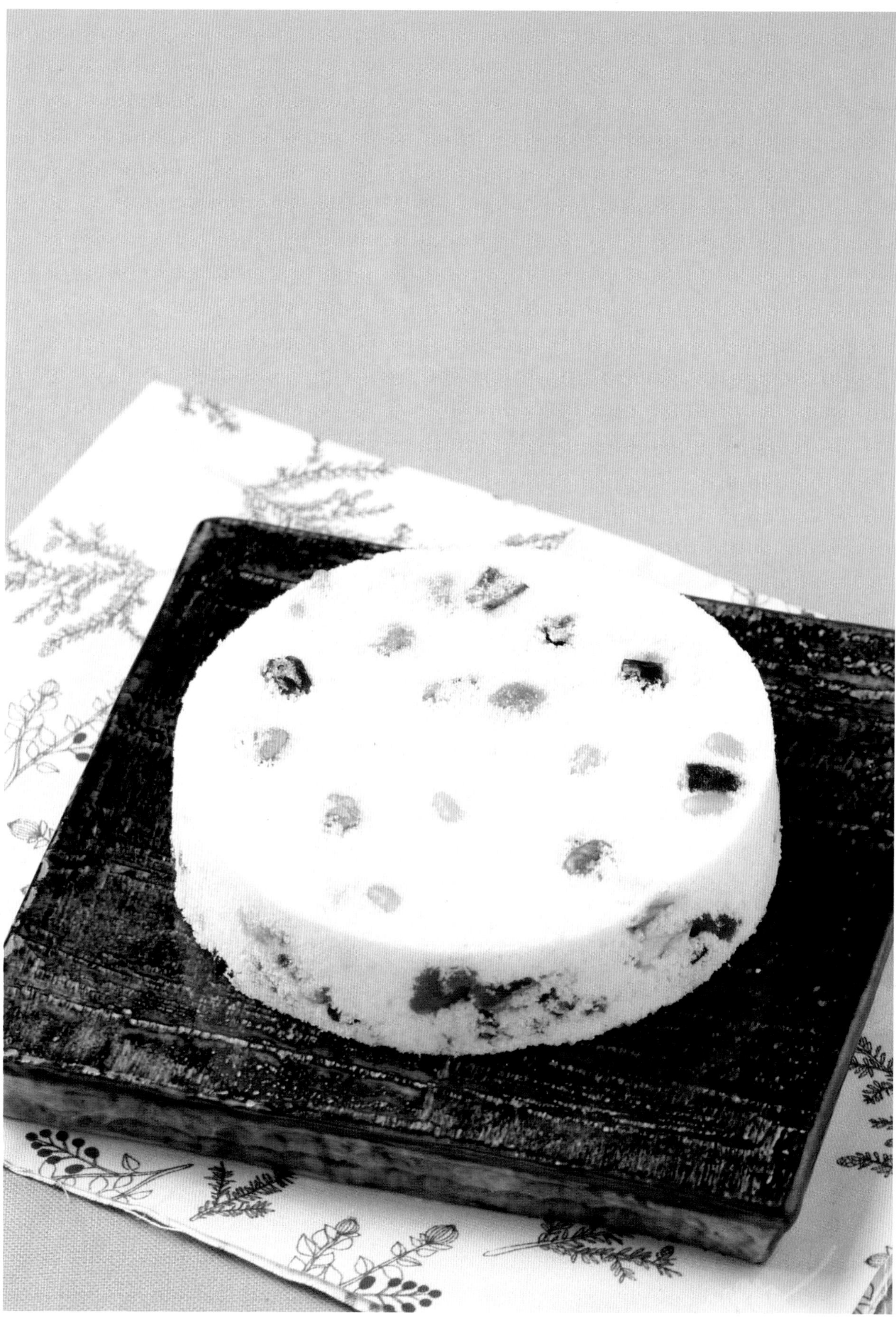

잡과병

여러 가지 과일을 섞는다는 뜻으로 '잡과(雜果)' 라는 이름이 붙었으며, 근래에는 견과류를 넣고 만들어 한층 고소하다.

재료

멥쌀가루 5컵, 소금 ½큰술, 꿀 ½컵

부재료

밤 8개, 대추 10개, 곶감 3개, 호두 3개, 잣 1큰술, 설탕 ½컵, 물 ½컵, 유자청건지 ½컵

만들기

1. **밑준비**
   밤, 대추, 곶감, 호두는 3~4등분하고 설탕물에 졸여준다. 유자청건지는 굵게 다져 놓는다.
2. **가루준비**
   쌀가루에 소금을 넣어 고운체로 내린 다음 꿀을 넣어 고루 비빈 후 다시 한 번 고운체에 내린다.
3. **안치기**
   꿀을 넣고 내린 쌀가루에 졸인 견과류와 유자청건지를 넣고 고루 섞은 후 딤섬에 시룻밑을 깔고 편편히 담는다.
4. **찌기**
   김이 오른 찜통에 딤섬을 넣고 20분 정도 찐 후 접시를 덮어 엎는다.

Tip

· 물 내리기 할 때 졸인 견과류에 수분이 있으므로 수분을 약간 덜 넣어야 한다.

클로렐라편

멥쌀가루에 클로렐라를 넣고 쪄낸 떡으로 클로렐라의 향이 은은하다.

재료

멥쌀가루 3컵, 소금 1작은술, 설탕 3큰술

부재료

클로렐라가루 $\frac{1}{2}$작은술

만들기

1. 가루준비
   쌀가루에 소금, 클로렐라가루를 넣고 체에 한 번 내린 후 물을 주어 다시 한 번 고운체에 내려 설탕을 넣고 고루 비벼 섞는다.
2. 안치기
   딤섬에 시룻밑을 깔고 수분을 맞춘 쌀가루를 담는다.
3. 찌기
   김이 오른 찜통에 딤섬을 넣고 20분 정도 찐 후 접시를 덮고 엎는다.

Tip

· 색이 너무 진하지 않고 은은하게 나도록 조절을 잘해야 한다.

와인편

쌀가루에 와인으로 수분을 맞춘 고급스러운 떡이다.

재료

멥쌀가루 5컵, 소금 $\frac{1}{2}$큰술, 설탕 5큰술

부재료

와인 3~4큰술

만들기

1. **가루준비**
   쌀가루에 소금을 넣고 체에 한 번 내린 후 와인으로 수분을 주어 다시 한 번 고운체에 내린 후 설탕을 넣고 고루 비벼 섞는다.

2. **안치기**
   딤섬에 시룻밑을 깔고 준비한 쌀가루를 편편하게 담는다.

3. **찌기**
   김이 오른 찜통에 딤섬을 넣고 20분 정도 찐 후 접시를 덮고 엎는다.

Tip

· 와인의 종류에 따라 다르지만 색이 흐린 와인은 포도가루를 넣어 조려서 식힌 후 사용해도 된다.

단호박편

노란색 호박 빛깔과 달콤 향긋한 호박의 향이 그대로 배어나오는 고급스런 시루떡이다.

재료

멥쌀가루 5컵, 소금 $\frac{1}{2}$큰술, 설탕 5큰술

부재료

찐 단호박 150g

만들기

1. **가루준비**
   쌀가루에 소금을 넣고 체에 한 번 내린 후 찐 단호박을 으깨어 쌀가루와 함께 손으로 비벼가며 색과 수분을 주어 다시 한 번 체에 내린 후 설탕을 섞는다.

2. **안치기**
   딤섬에 시룻밑을 깔고 살포시 안친다.

3. **찌기**
   김이 오른 찜통에 딤섬을 넣고 20분 동안 찐 후 접시를 덮어 엎는다.

Tip

· 단호박의 고유한 단맛이 있으므로 설탕의 양은 개인의 입맛대로 조절할 수 있다.
· 찐 단호박이 수분을 대신한다.
· 단호박가루를 사용하기도 한다.

울금편

카레의 주원료인 울금은 쿠르쿠민(Curcumin) 성분을 함유하고 있어 노화나 만병의 근원인 활성산소를 제거하여 주는 식품으로 현대에 웰빙식품으로 떠오르고 있다.

재료

멥쌀가루 5컵, 소금 $\frac{1}{2}$큰술, 설탕 5큰술

부재료

울금가루 $\frac{1}{4}$작은술

만들기

1. **가루준비**
   쌀가루에 소금, 울금가루를 넣고 체에 한 번 내린 후 수분을 주어 다시 한 번 고운체에 내린 후 설탕을 넣고 고루 섞는다.

2. **안치기**
   딤섬에 시룻밑을 깔고 준비한 쌀가루를 살포시 안친다.

3. **찌기**
   김이 오른 찜통에 딤섬을 넣고 20분 정도 찐 후 접시를 덮고 엎는다.

Tip

· 너무 많은 양의 울금을 넣으면 향뿐만 아니라 매운맛이 강하여 거부감이 들 수 있으므로 소량만 넣어 울금의 향과 맛, 색을 느낄 수 있도록 한다.

커피편

은은한 커피의 향이 신세대와 잘 어울리는 떡이다.

재료

멥쌀가루 5컵, 소금 $\frac{1}{2}$큰술, 설탕 5큰술

부재료

커피가루 1큰술, 물 3큰술

만들기

1. **가루준비**
   쌀가루에 소금을 넣고 체에 한 번 내린 후 커피물을 넣고 색을 들인 후 다시 한 번 체에 내려 설탕을 섞어준다.
2. **안치기**
   딤섬에 시룻밑을 깔고 준비한 쌀가루를 살포시 안친다.
3. **찌기**
   김이 오른 찜통에 딤섬을 넣고 20분간 찐 후 접시를 덮고 엎는다.

Tip

· 커피가루는 물에 개어 사용해야 색이 골고루 입혀져 예쁘다.

적고구마편

쌀가루에 적고구마가루를 섞어 보랏빛 색이 떡에 고스란히 배어 고급스러우면서도 건강에도 좋은 현대적 웰빙떡이다.

재료
멥쌀가루 5컵, 소금 $\frac{1}{2}$큰술, 설탕 5큰술

부재료
적고구마가루 $\frac{1}{2}$작은술

만들기

1. **가루준비**
   쌀가루에 소금, 적고구마가루를 넣고 체에 한 번 내린 후 수분을 주어 다시 한 번 체에 내려 설탕을 넣고 고루 섞는다.

2. **안치기**
   딤섬에 시룻밑을 깔고 준비한 쌀가루를 살포시 안친다.

3. **찌기**
   김이 오른 찜통에 딤섬을 넣고 20분간 찐 후 접시를 덮고 엎는다.

Tip
- 자색고구마를 갈아서 즙을 이용해도 좋고 찐 다음 으깨어 섞어 사용해도 좋다.
- 잘게 다진 고구마를 졸여 쌀가루에 섞어 쪄도 맛있다.

꾸찌뽕떡케이크

꾸찌뽕 열매에 과육을 넣어 만든 설기떡이다.

재료

멥쌀가루 5컵, 소금 $\frac{1}{2}$큰술, 설탕 5큰술

부재료

꾸찌뽕 과육 100g

만들기

1. **가루준비**
   쌀가루에 소금을 섞어 체에 한 번 내린 후 꾸찌뽕 과육을 넣어 다시 한 번 체에 내려 설탕을 섞는다.
2. **안치기**
   대나무찜기에 시룻밑을 깔고 준비한 쌀가루를 살포시 안친다.
3. **찌기**
   김이 오른 찜통에 대나무찜기를 넣고 18분 정도 찐 후 접시를 덮고 뒤집어 떡을 꺼낸다.

Tip

· 꾸찌뽕 과육에 설탕을 넣고 조려서 사용할 수도 있다.

파래편

파래는 위 속에서 소화를 도와 위장을 튼튼하게 해주고 향 또한 향긋하고 맛도 독특한 떡이다.

재료

멥쌀가루 3컵, 소금 1작은술, 설탕 3큰술

부재료

파래가루 1작은술

만들기

1. **가루준비**
   쌀가루에 소금, 파래가루를 섞어 체에 한 번 내린 후 수분을 주어 다시 한 번 체에 내려 설탕을 섞는다.
2. **안치기**
   딤섬에 시룻밑을 깔고 준비한 쌀가루를 살포시 안친다.
3. **찌기**
   김이 오른 찜통에 딤섬을 넣고 18분 정도 찐 후 접시를 덮고 엎는다.

Tip

· 파래가루 대신 일반파래를 물에 씻어 체에 건져 물기를 뺀 후 오븐 또는 수분건조기에 잘 말려 부수어 사용해도 된다.

흑마늘편

마늘 본래의 효능은 유지하고 있으며 특유의 자극적인 아린 맛과 향이 적어 건강에도 좋은 흑마늘 떡케이크이다.

재료
멥쌀가루 3컵, 소금 1작은술, 설탕 3큰술

부재료
흑마늘 1큰술

만들기

1. **가루준비**
   쌀가루에 소금을 넣고 체에 한 번 내린 후 흑마늘을 넣어 손으로 잘 비벼 섞은 후 다시 한 번 체에 내려 설탕을 섞어준다.
2. **안치기**
   딤섬에 시룻밑을 깔고 준비한 쌀가루를 살포시 안친다.
3. **찌기**
   김이 오른 찜통에 딤섬을 넣고 18분 정도 찐 후 접시를 덮고 엎는다.

Tip
- 수분이 부족하면 흑마늘을 더 넣지 말고 물을 넣어 수분을 맞추어 준다.
- 흑마늘은 일정한 온도와 습도에서 장기 자가발효 숙성하여 만들며 통마늘 형태와 진액 등 여러 가지로 구입가능하다.

적채편

비타민 U가 풍부하여 위궤양과 노화방지, 간기능 회복 등의 역할을 하는 셀레늄이 풍부한 건강채소로 색도 아름답고 영양 또한 풍부하다.

재료
멥쌀가루 3컵, 소금 1작은술, 설탕 3큰술

부재료
적채즙 2큰술

만들기

1. **밑준비**
   적채는 소량의 물을 넣어 믹서기에 곱게 간다.
2. **가루준비**
   쌀가루에 소금을 넣고 체에 내린다. 적채즙을 넣고 다시 한 번 고운체에 내린 후 설탕을 섞는다.
3. **안치기**
   딤섬에 시룻밑을 깔고 준비한 쌀가루를 살포시 안친다.
4. **찌기**
   김이 오른 찜통에 딤섬을 담고 18분간 찐 후 접시를 덮고 엎는다.

Tip
· 적채즙을 믹서기에 갈 때는 소량의 물만 넣어 최대한 진하게 뽑아낸다.
· 적채즙은 체에 한 번 걸러 맑은 즙만 사용한다(건더기가 들어가면 지저분하다).

감자송편

감자녹말을 익반죽하여 팥소나 밤소 등을 넣고 송편으로 빚어 찐 떡으로 쫄깃한 맛이 일품이다.

재료

감자녹말 2컵, 소금 $\frac{1}{4}$작은술

부재료

밤 5개, 설탕, 소금 약간

만들기

1. **밑준비**
   밤은 삶아서 으깨어 소금, 설탕으로 간을 하여 소를 만든다.
2. **반죽하기**
   감자녹말은 더운 물로 익반죽하여 오랫동안 치대어 놓는다.
3. **빚기**
   2의 반죽을 떼어 동글납작하게 빚어 밤소를 넣고 입을 모아서 동그랗게 빚은 다음 꼭 쥐어 손자국을 낸다.
4. **찌기**
   김이 오른 찜통에 베보자기를 깔고 15분 정도 찐다.

Tip

· 감자녹말 만드는 방법은 깨끗한 감자를 껍질을 벗긴 후 갈아서 베보자기에 꼭 짜 그 물을 가라앉혀 앙금을 말려 가루로 만든다.
· 감자녹말가루에 색을 들여 송편을 만들기도 한다.

오색송편

송병 또는 송엽병이라고도 하며 추석 때 햇곡식으로 빚는 대표적인 떡이다.

재료

멥쌀가루 5컵, 소금 $\frac{1}{2}$큰술, 설탕 1큰술

부재료

녹두고물 2컵, 소금 $\frac{1}{4}$작은술, 계핏가루 $\frac{1}{4}$작은술, 설탕 2큰술, 꿀 1작은술

기능성 재료

딸기가루, 쑥가루, 치자가루, 계핏가루

만들기

1. 색으로 물들이기

쌀가루에 소금을 넣고 체에 한 번 내린 후 1컵씩 나누어 각각 기능성 재료를 넣고 익반죽한다.

2. 소 만들기

- 녹두는 미지근한 물에 불려서 제물에서 껍질을 벗긴 뒤 찜통에서 푹 무르게 찐 후 소금을 넣고 빻아 굵은체로 내린다.
- 녹두고물에 꿀, 설탕, 계핏가루를 넣는다.

3. 빚기

익반죽한 것을 밤알 크기로 떼어 우물을 파서 그 속에 소를 넣고 꼭꼭 아물려 예쁘게 빚는다.

4. 찌기

찜통에 베보자기를 깔고 15분 정도 찐 다음 얼음물에 넣었다 뺀 뒤 참기름을 발라 서로 달라붙지 않게 한다.

Tip

· 조금 부족한 물은 찬물로 익반죽한다.
· 오래두고 먹고 싶다면 익반죽 대신 찬반죽을 한다. 그래야 쫄깃쫄깃하다.
· 송편을 찔 때 솔잎을 깔고 찌는 이유는 솔잎의 무늬와 향기가 좋을 뿐 아니라 부패방지 효과도 얻을 수 있다.
· 송편에 소는 깨, 콩, 거피팥고물, 밤을 이용할 수 있다.

호박송편

단호박을 넣어 반죽하여 호박모양으로 빚어낸 송편이다.

재료

멥쌀가루 5컵, 소금 $\frac{1}{2}$큰술, 단호박 찐 것 150g

부재료

소: 통깨 $\frac{1}{2}$컵, 설탕 3큰술, 꿀 1큰술
참기름 1큰술

만들기

1. **밑준비**
   - 쌀가루에 소금을 넣고 체에 내린다.
   - 단호박을 잘라 김오른 찜통에 넣어 20분 정도 푹 쪄서 과육을 파서 체에 내린다.
   - 통깨는 볶아서 대강 빻아 설탕, 꿀을 넣어 소를 준비한다.
2. **가루준비**
   쌀가루에 단호박 과육을 넣고 반죽하고 부족한 수분은 끓는 물로 익반죽한다.
3. **빚기**
   반죽을 20g 정도씩 떼어 준비한 소를 넣고 호박모양으로 빚는다.
4. **찌기**
   김 오른 찜통에 젖은 면보를 깔고 15분 정도 쪄낸 다음 찬물에 헹구어 참기름을 발라 담아낸다.

Tip

· 젓가락을 이용해서 5등분으로 호박자국을 내어준다
· 단호박 과육 대신에 호박가루를 사용하기도 한다.

모시잎송편

피를 맑게 해주고 혈액순환에 좋은 모시잎을 넣어 만든 송편이다.

재료

멥쌀가루 5컵, 소금 $\frac{1}{2}$큰술, 모시잎 100g

부재료

소: 거피팥 1컵, 소금 1작은술, 계핏가루 $\frac{1}{4}$작은술, 설탕 2큰술, 꿀 1큰술
참기름 1큰술

만들기

1. 밑준비

- 쌀가루에 소금을 넣고 체에 내린다. 거피팥은 미지근한 물에 불려서 제물에서 껍질을 벗긴 뒤 찜통에서 푹 무르게 찐 후 소금을 넣고 굵은체에 내린다.
- 모시잎은 끓는 물에 데쳐 찬물에 헹군 후 물기를 꼭 짠다.
- 거피팥고물에 설탕, 꿀, 계핏가루를 넣어 소를 만든다.
- 쌀가루에 데친 모시잎을 넣고 방아에 함께 빻는다.

2. 가루준비

모시잎 넣은 멥쌀가루에 끓는물을 넣어가며 익반죽한다.

3. 빚기

반죽을 20g 정도씩 떼어 준비한 소를 넣고 송편모양으로 빚는다.

4. 찌기

김 오른 찜통에 젖은 면보를 깔고 15분 정도 쪄낸 다음 찬물에 헹구어 참기름을 발라 담아낸다.

Tip

· 젓가락으로 자국을 내어 모시잎 모양으로 만들기도 한다.

다식송편

예부터 '처녀들이 송편을 예쁘게 빚으면 좋은 신랑을 만나고, 임부가 송편을 예쁘게 빚으면 예쁜 딸을 낳는다.' 고 하여 정성을 다해 빚었다.

재료

멥쌀가루 5컵, 소금 $\frac{1}{2}$큰술, 설탕 1큰술

부재료

녹두고물 2컵, 소금 $\frac{1}{4}$작은술, 계핏가루 $\frac{1}{4}$작은술, 설탕 2큰술, 꿀 1작은술

기능성 재료

와인, 단호박가루, 커피가루, 쑥가루, 홍국쌀가루

만들기

1. **색으로 물들이기**
   쌀가루에 소금을 넣고 체에 한 번 내린 후 1컵씩 각각 나누어 기능성 재료를 섞어 익반죽한다.

2. **소 만들기**
   - 녹두는 미지근한 물에 불려서 제물에서 껍질을 벗긴 뒤 찜통에서 푹 무르게 찐 후 소금을 넣고 빻아 굵은체로 내린다.
   - 녹두고물에 꿀, 설탕, 계핏가루를 넣는다.

3. **다식판에 찍기**
   색을 들인 떡 반죽, 소, 떡 반죽 순으로 다식판에 넣고 꼭꼭 아물려 준다.

4. **찌기**
   찜통에 베보자기를 깔고 15분 정도 찐 다음 얼음물에 넣었다 뺀 뒤 참기름을 발라 서로 달라붙지 않게 한다.

Tip

· 다식판을 활용해 송편을 빚으면 시간도 절약할 수 있지만 모양이 똑같아 송편 빚기에 서투른 사람에게 권할만하다.

조개송편

송편은 고려시대부터 일반화된 것으로 추석뿐 아니라 중화절이 되면 머슴들에게 나눠 주던 떡으로, 조개껍질 모양처럼 빚는다고 하여 조개송편이라 한다.

재료

멥쌀가루 3컵, 소금 1작은술

부재료

깨 $\frac{1}{4}$컵, 간장 $\frac{1}{4}$t, 설탕 $\frac{1}{4}$작은술, 계핏가루 $\frac{1}{8}$작은술, 꿀 1t, 참기름 1큰술, 흑임자가루 약간

만들기

1. **밑준비**
   깨는 볶아서 대강 빻아 설탕, 계핏가루, 꿀, 간장으로 개어 소를 준비한다.
2. **가루준비**
   쌀가루를 끓는 물에 익반죽하여 많이 치댄다.
3. **빚기**
   반죽을 20g 정도씩 떼어 준비한 소를 넣고 조개모양으로 빚는다.
4. **찌기**
   김 오른 찜통에 젖은 면보를 깔고 15분 정도 찐 다음 얼음물에 넣었다 뺀 뒤 참기름을 발라 서로 달라붙지 않게 한다.

Tip

· 조개모양을 낼 때 나무꼬지나 젓가락을 이용하면 편리하다.
· 얼룩송편(송편반죽 + 흑임자가루)을 만들어서 반죽을 겹쳐 모양을 잡아도 예쁘다.
· 반죽은 귓불 농도로 말랑하게 해준다.

방울증편

막걸리를 넣어 발효시켜 만든 향긋한 술맛이 나는 여름 떡이다.

재료

멥쌀가루 500g, 소금 ½큰술

부재료

막걸리 ¾컵, 미지근한 물(35℃) ¾컵, 소금 ¼큰술, 생이스트 10g, 설탕 ½컵
대추 2개, 석이버섯 5g, 잣 1작은술, 딸기가루, 치자

만들기

1. 밑준비

대추는 돌려깎기하여 꽃모양으로 만들고 석이버섯은 물에 불려 비벼 씻어서 물기제거 후 돌돌 말아 가늘게 채썰고 잣은 고깔을 떼어 준비한다. 치자물은 치자를 쪼개어 물에 넣고 10분간 두어 우리고, 딸기가루물은 물에 딸기가루를 녹여 준비한다.

2. 가루준비

쌀가루는 고운체에 3~4회 내려 아주 고운가루를 만들어 막걸리–미지근한 물–소금–설탕–생이스트를 섞어 넣고 나무주걱으로 골고루 저은 다음 랩으로 덮는다.

3. 발효

- 1차 = 전기장판 3번에서 2시간 발효시킨다.
- 2차 = 부풀어 오른 반죽을 골고루 저어 공기를 뺀 후 다시 덮어 전기장판 2번에서 1시간, 다시 부풀어 오른 반죽을 골고루 저어 공기를 뺀 후 증편틀에 ⅔정도 부어 바닥을 탁탁 쳐 공기를 뺀다.
- 3차 = 찜통에 물을 올려 김이 오르면 찬물 한바가지를 부어 온도를 60℃ 정도로 떨어뜨린 후 불을 끈 상태에서 증편을 찜통에 넣어 10분 정도 발효시킨다. (봉긋하게 부풀어 올라야 한다.)

4. 찌기

부풀어 오른 증편은 센 불에서 20분 정도 찐 후 불을 끄고 다시 10분 정도 뜸을 들인다.

Tip

· 막걸리는 효모가 살아 있는 생막걸리를 사용한다.
· 소금과 생이스트는 따로 넣어야 한다.
· 3차발효 후 뚜껑을 열 때 천천히 열고 확인한다.
· 랩을 씌워 발효시킬 때 구멍을 내어 공기가 통할 수 있게 한다.

삼색찐빵

반죽에 여러 가지 가루를 함께 섞어 멋과 영양을 함께 먹는 찐빵이다.

재료

밀가루 420g, 팥앙금 300g

부재료

생이스트 20g, 설탕 30g, 물 200g, 베이킹파우더 6g, 버터 20g, 소금 4g, 우유 $\frac{1}{4}$컵, 단호박가루, 딸기가루

만들기

1. **가루준비**
   밀가루와 베이킹파우더를 체 친 후 구멍을 세 군데로 만들어 설탕, 이스트, 소금을 넣는다.
2. **반죽하기**
   우유와 물을 넣어서 천천히 반죽을 해서 잘 뭉쳐지면 실온에서 말랑해진 버터를 넣고 다시 반죽하여 3등분한 후 흰색, 노란색, 빨간색으로 색을 입힌다.
3. **발효**
   - 1차발효 – 잘 뭉친 반죽을 둥글게 굴린 후 비닐을 덮어 따뜻한 곳에서 발효시킨다.
   - 2차발효 – 1차발효가 끝난 반죽은 가스를 뺀 후 50g씩 떼어 둥글린 후 10분 정도 발효시킨다.
4. **모양내기**
   가스를 빼주고 둥글려서 팥앙금을 넣어 마무리 지은 부분이 아래로 가게 한다.
5. **찌기**
   김이 오른 찜통에 면보를 깔고 15~20분 정도 찌면 된다.

Tip

· 반죽을 할 때 처음에 약간 질은 느낌이 나도 계속 손으로 치대어 반죽하면 나중에는 탄력이 생긴다.

쑥갠떡

봄에 나는 어린 쑥을 뜯어 쌀가루와 함께 방아에 내려 반죽하여 쪄 먹는 향긋한 경기도 지방의 떡이다. 모시잎을 넣어 만들면 '모시잎갠떡', 수리취를 넣어 만들면 '수리취갠떡'이 된다.

재료

멥쌀가루 5컵, 소금 $\frac{1}{2}$큰술

부재료

쑥(연한 것) 100g, 설탕 1큰술, 참기름 2큰술

만들기

1. **밑손질**
   어린 쑥은 깨끗이 다듬어 씻은 후 끓는물에 소금을 넣고 살짝 데쳐 물기를 꼭 짠다.
2. **체 내리기**
   쌀가루에 데친 쑥, 소금을 넣고 분쇄기에 넣어 가루를 만든다.
3. **치대기**
   쑥과 함께 내린 쌀가루에 설탕을 넣고 익반죽하여 치대어 반죽한다.
4. **모양내기**
   반죽을 50g 정도씩 떼어 둥글납작하게 빚는다.
5. **찌기**
   김이 오른 찜통에서 10여분 정도 찐 후 하나씩 참기름을 발라 준다.

Tip

· 쫄깃한 맛을 원하면 찬물로 반죽한다.

쑥버무리

연한 쑥을 뜯어 쌀가루와 함께 섞어 시루에 찐 떡으로 쑥향이 향기로운 봄철에 많이 해 먹는 봄떡이다.

재료

멥쌀가루 5컵, 소금 $\frac{1}{2}$큰술, 설탕 5큰술

부재료

쑥 100g

만들기

1. **밑준비**
   쑥을 깨끗이 씻어 체에 밭쳐 물기를 빼둔다.

2. **체 내리기**
   쌀가루에 소금을 넣고 고운체에 내린다.

3. **물 내리기**
   - 고운체에 내린 가루에 수분을 주어 맞춘다.
   - 설탕과 준비한 쑥을 넣고 함께 버무린다.

4. **찌기**
   딤섬에 넣고 김이 오른 후 20분간 찐다.

5. **모양내기**
   먹기 좋은 크기를 손으로 모아 완성한다.

Tip

· 쑥을 씻을 때나 쌀가루와 섞을 때 너무 세게 주무르면 풋내가 나므로 주의해야 한다.

대추약편

대추를 푹 고아 만든 떡으로 대추의 향이 입안에 가득한 떡이다.

재료

멥쌀가루 5컵, 소금 $\frac{1}{2}$큰술

부재료

대추고 $\frac{1}{2}$컵, 막걸리 $\frac{1}{4}$컵, 설탕 $\frac{1}{4}$컵
고명: 대추, 석이버섯, 호박씨 적당량
대추고: 대추 600g, 물 8컵, 설탕 $\frac{1}{2}$컵

만들기

1. 밑준비

대추는 깨끗이 씻어 넉넉히 물을 넣고 졸인 후 되직해지면 굵은체에 거른 앙금에 설탕을 넣어 대추고를 만든다.

2. 체 내리기

- 쌀가루에 소금을 넣고 고운체에 내린다.
- 쌀가루에 대추고와 막걸리를 넣고 체에 내린다.
- 마지막에 설탕을 넣어 고루 섞는다.

3. 안치기

2를 대나무 찜기에 시룻밑을 깔고 준비한 쌀가루를 평평하게 담는다.

4. 찌기

김 오른 찜통에 대나무 찜기를 넣고 20분 정도 찐 후 접시를 덮고 뒤집어 떡을 꺼낸다.

Tip

· 대추고를 너무 많이 넣으면 떡의 색이 진해지고 수분의 양도 많아 질척거리므로 주의해야 한다.
· 막걸리는 대추고를 넣은 후 수분의 양을 측정하면서 조절하여 넣는다.

석탄병

석탄병이란 이름의 유래는 '떡이 차마 삼키기 아까울 정도로 맛이 있다'고 해서 붙여진 것이다.

재료

멥쌀가루 5컵, 소금 $\frac{1}{2}$큰술
설탕물: 설탕 5큰술, 물 5큰술

부재료

감가루 1컵, 잣가루 $\frac{1}{4}$컵, 계핏가루 1작은술, 생강녹말 2작은술, 밤 100g, 대추 30g
고물: 녹두 1컵, 소금 1작은술

만들기

1. 밑준비
   - 거피한 녹두는 충분히 불린 후 깨끗이 씻어 찜통에 쪄내 소금 간을 한 후 찧어 어레미에 내린다.
   - 밤과 대추는 길이로 3~4등분하여 준비한다.

2. 가루준비
   쌀가루에 소금과 끓여 식힌 설탕물을 넣고 골고루 비벼 물을 준 후 체에 내려 분량의 감가루, 잣가루, 계핏가루, 생강녹말을 넣고 가볍게 섞는다.

3. 찌기
   딤섬에 시룻밑을 깔고 녹두고물을 충분히 펴서 덮고 쌀가루를 넣고 또 고물을 얹어가며 켜켜로 안치고 20분 정도 찐다.

Tip

· 감가루는 단감의 껍질을 벗겨 얇게 저며 썰어 채반에 바싹 말렸다가 빻아 가루로 만들어 냉동고에 보관해 두었다가 필요할 때 쓸 수 있으며, 건조할 때 건조기나 오븐을 사용하면 시간을 단축할 수 있다.
· 여름에는 녹두고물이 잘 상하므로 고물 없이 해도 가능하다.
· 장식을 미리해서 쪄야 모양도 좋고 잘 붙는다.

깨찰편

쌀가루에 흑임자가루와 흰깨가루를 넣고 돌돌 말아 만든 떡으로 맛과 모양이 뛰어나다.

재료

찹쌀가루 5컵, 소금 $\frac{1}{2}$큰술, 설탕 5큰술

부재료

흰깨 갈은 것 1$\frac{1}{2}$컵, 설탕, 소금 약간, 흑임자가루 $\frac{1}{2}$컵

만들기

1. 밑준비

- 흑임자는 깨끗이 손질하여 볶은 다음 빻아서 체에 내린 후 김 오른 찜통에 살짝 쪄 놓는다.
- 흰깨는 볶아서 믹서에 곱게 갈아 설탕, 소금으로 간을 한다.

2. 가루준비

쌀가루에 소금을 넣고 수분을 넉넉히 준 굵은체에 내린 다음 설탕을 넣고 버무린다.

3. 찌기

김 오른 찜통에 젖은 면보를 깔고 사각틀에 흰깨가루–찹쌀가루–흑임자–찹쌀가루–흰깨가루 순으로 켜로 놓고 20분 정도 찐다.

4. 모양내기

쪄진 떡을 꺼내어 두께를 조절한 다음 끝에서부터 한 김 나간 후 썰어낸다.

Tip

· 뜨거울 때 썰면 늘어지므로 한 김 식힌 후 돌돌말아 썰기도 한다.

녹두찰편

찹쌀가루에 녹두고물을 넣고 편으로 쪄내며 의례상에 고임떡으로 쓰는 떡이다.

재료

찹쌀가루 5컵, 소금 ½큰술, 설탕 5큰술

부재료

녹두 1컵, 소금 1작은술

만들기

1. **밑준비**
   - 깐 녹두는 2시간 이상 물에 불려 거피한 후 찜통에 면보를 깔고 녹두를 푹 무르게 찐다.
   - 찐 녹두를 큰 그릇에 쏟아 소금 간을 하여 절구공이로 빻아 어레미에 내려 고물을 만든다.
2. **가루준비**
   쌀가루에 소금 간을 한 후 수분을 주어 중간체에 내려 설탕을 섞어 2등분 해둔다.
3. **안치기**
   딤섬에 시룻밑을 깔고 녹두고물을 골고루 펴 넣은 다음 쌀가루를 펴놓고 또 고물을 얹어가며 켜켜로 안친다.
4. **찌기**
   김 오른 찜통에 30분간 쪄낸다.

Tip

· 완성접시에 담아 녹두고물을 살살 체에 내려주면 모양이 좋다.
· 완성된 떡에 대추, 호박씨로 장식하기도 한다.

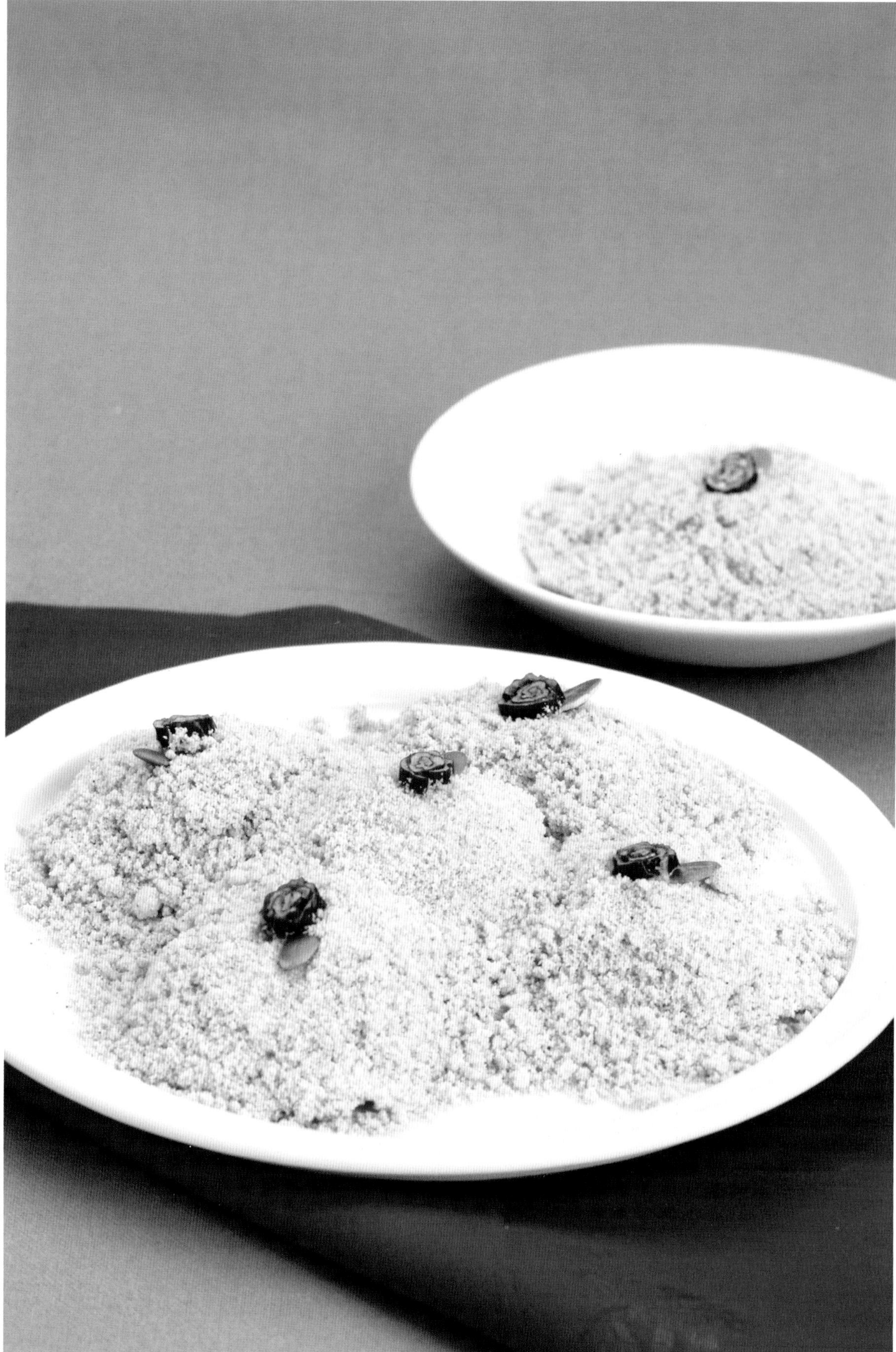

두텁떡

봉우리떡, 합병, 후병이라고도 하며 소금 대신 진간장으로 간을 맞추어 연한 갈색이 나도록 만드는 궁중 떡으로 유자가 들어가서 맛뿐만 아니라 향 또한 일품이다.

재료

찹쌀가루 5컵, 간장 1½큰술, 꿀 3큰술

부재료

팥고물: 거피팥 4컵, 간장 3큰술, 계핏가루 1작은술, 설탕 5큰술

팥소: 볶은 팥고물 1컵, 대추 5개, 밤 5개, 유자청 1½큰술, 잣 1큰술, 계핏가루 1작은술, 꿀 1큰술

만들기

1. 밑준비

- 하루 정도 불린 거피팥은 껍질을 완전히 제거하고 물기를 뺀 후 찜통에 푹 찐다. 무르게 익은 팥은 뜨거울 때 체에 내려 기름을 두르지 않은 팬에 넣고 간장, 계핏가루, 설탕 순으로 넣어 보슬보슬하게 될 때까지 볶는다.
- 대추, 밤은 0.2cm 크기로 썰고 유자청은 다지고 잣, 계피, 꿀과 볶은 팥고물을 함께 넣어 소를 만든다.

2. 가루준비

찹쌀가루는 간장, 꿀 수분을 주어 체에 한 번 내린 후 준비한다.

3. 찌기

김 오른 찜통에 젖은 면보를 깔고 그 위에 볶은 팥고물을 한 켜 깐 후 찹쌀가루를 한 수저씩 떠 넣고 둥글납작 빚은 소를 얹고 그 위에 찹쌀가루로 덮어 봉우리 모양으로 만든다. 그 위에 또 다시 볶은 팥고물을 얹어 30분가량 쪄낸다.

4. 담기

다 익으면 수저로 하나씩 떠내어 접시에 담는다.

Tip

· 팥고물을 만들 때에는 팥의 심이 없도록 푹 쪄서 사용하고 볶을 때에는 질지 않고 보슬보슬하게 볶아 사용한다.

· 떡을 찌고 난 후 한 김이 나가면 수저나 주걱으로 하나씩 떠내 모양을 다듬는다.

두텁찰편

궁중에서 임금이 드셨던 떡 그대로 현대식으로 재현해 만든 두텁찰편이다.

재료

찹쌀가루 5컵, 간장 $1\frac{1}{2}$큰술, 꿀 3큰술

부재료

거피팥 4컵, 간장 3큰술, 계핏가루 1작은술, 설탕 5큰술, 밤 5개, 대추 5개, 호두 3개
설탕 2큰술, 물 2큰술

만들기

1. 밑준비

- 거피팥은 물에 불려 껍질 없이 씻어서 찜통이나 시루에 푹 쪄, 뜨거울 때 어레미에 내리고 넓은 팬에 간장, 흰설탕, 계핏가루를 넣어서 팥을 보슬보슬하게 볶아 체에 내린다.
- 밤과 대추, 호두는 손질하여 0.5cm 정도 네모나게 썰어 설탕물에 조린다.

2. 가루준비

쌀가루에 분량의 간장과 꿀을 넣어 두 손으로 비벼 체에 내린 후 썰어 놓은 견과류를 넣고 섞어 준다.

3. 찌기

김 오른 대나무 찜통에 양념한 볶은 팥가루를 뿌리고 쌀가루를 넣은 다음 다시 위에 볶은 팥가루를 뿌려 18분 정도 쪄낸다.

Tip

· 찹쌀가루를 이용하여 찐 떡이므로 찌고 나면 떡이 많이 가라앉기 때문에 높이가 있는 딤섬을 이용하는 것이 좋다.

콩찰편

'밭에서 나는 고기' 라고 할 만큼 양질의 단백질과 풍부한 지방, 아미노산이 많이 들어 있어 훌륭한 영양공급원이며, 콩에 들어있는 지방은 불포화지방산으로 비만증, 고혈압 등 각종 성인병의 예방과 치료에 도움을 주고, 노화방지에도 효과가 큰 식품이다.

재료

찹쌀가루 5컵, 소금 $\frac{1}{2}$큰술

부재료

검은콩 1컵, 설탕 $\frac{1}{2}$컵, 소금 1큰술, 물 $\frac{1}{4}$컵

만들기

1. **밑준비**
   검은콩은 불려서 살짝 삶은 후 물기를 빼고 설탕, 소금을 넣어 조린다.
2. **가루준비**
   쌀가루에 소금을 넣고 잘 비빈 후 물을 넣어 수분을 맞춘다.
3. **찌기**
   젖은 면보자기에 콩을 깔고 준비된 떡가루를 넣고 다시 콩을 얹어 넣어 20분 정도 찐다.
4. **모양내기**
   쪄낸 떡은 여러 번 치댄 후 사각틀에 넣어 굳혀 썬다.

Tip

· 콩찰떡은 약간 도톰하게 잘라 콩의 단면이 잘 보이도록 썰어야 예쁘다.
· 강낭콩, 밤콩을 섞어서 만들기도 한다.

약식

정월대보름의 절식으로 찹쌀과 참기름, 꿀, 견과류 등을 그대로 쪄서 만드는 것이 특징이다.

재료

찹쌀 5컵, 소금물(소금 $\frac{1}{2}$작은술 + 물 $\frac{1}{2}$컵)

부재료

밤 10개, 대추 10개, 잣 2큰술, 황설탕 1컵, 간장 3큰술, 계핏가루 1작은술, 캐러멜소스 3큰술, 꿀 $\frac{1}{3}$컵, 참기름 2큰술

캐러멜소스: 설탕 4큰술, 식용유 $\frac{2}{3}$큰술, 녹말 $\frac{2}{3}$큰술 + 더운물 4큰술

만들기

1. 밑준비

밤, 대추는 2~3등분하고 잣은 고깔을 제거해 준비한다. 대추의 씨를 발라내어 물을 넉넉히 붓고 푹 고아서 2큰술 정도 되게 만든다. 캐러멜소스는 달구어진 프라이팬에 설탕을 타지 않게 녹이고 기름을 넣고 물녹말을 넣어 만든다.

2. 찹쌀준비

찹쌀을 깨끗이 씻어 3시간 정도 물에 담갔다가 물기를 뺀 후 찜통에 베보자기를 깔고 약 1시간 정도 찌는데, 김이 나기 시작하면 소금물을 훌훌 끼얹은 후 위아래 고루 뒤적여주고 덜 찌게 되면 얼룩이 지므로 푹 익힌다.

3. 섞기

찐 찹쌀이 뜨거울 때 큰 그릇에 쏟아 펼쳐 계핏가루, 진간장, 캐러멜소스, 황설탕, 꿀, 참기름을 진한 색부터 차례대로 넣어 고루 섞는다.

4. 찌기

참기름과 밤, 대추, 잣을 넣어 다시 버무린 후 찜통에 넣고 중탕으로 익히는데, 처음엔 센불로 찌다 중불로 줄인 후 은근히 2시간 정도 쪄낸다. 이 때 찜통 뚜껑에 면보를 씌우고 볼에는 젖은 행주를 덮어서 찐다.

Tip

- 찹쌀은 충분히 불려서 푹 쪄야 양념을 섞었을 때 고루 들어간다.
- 양념에 대추고를 넣기도 한다.
- 중탕이 아닌 찜통에 넣어 찌기도 한다.

울금약식

카레밥을 연상케 하는 울금약식은 쓴맛을 줄이고 영양을 높인 건강 떡이다.

재료

찹쌀 5컵, 울금가루 1작은술, 소금물(소금 $\frac{1}{2}$작은술 + 물 $\frac{1}{2}$컵)

부재료

설탕 $\frac{1}{4}$컵, 참기름 1큰술, 꿀 $\frac{1}{4}$컵, 계핏가루 약간, 잣 2큰술, 밤 5개, 대추 5개(설탕 $\frac{1}{2}$컵 : 물 $\frac{1}{2}$컵)

만들기

1. **밑준비**
   밤, 대추는 2~3등분하고 잣은 고깔을 제거해 준비한다. 밤과 대추는 냄비에 물을 자작하게 붓고 설탕, 물에 넣어 살짝 졸여준다.

2. **찹쌀준비**
   찹쌀은 물에 3시간 정도 불린 후 체에 받쳐 10분 정도 물기를 빼고 찜기에 김이 오르면 젖은 면보를 깔고 찹쌀을 넣어 센불에 20분 정도 쪄서 소금물에 울금가루를 섞어 훌훌 뿌려 나무주걱으로 섞어 30분 정도 더 쪄준다.

3. **섞기**
   찐 찹쌀이 뜨거울 때 계핏가루, 꿀, 설탕, 참기름을 넣어 섞고 밤, 대추, 잣을 넣고 섞는다.

4. **찌기**
   찜기에 김이 오르면 3을 넣고 다시 30분 정도 찐다.

Tip

· 찹쌀에 색을 들일 때 울금가루를 바로 넣지 않고 소금물에 풀어 물을 들여야 색이 곱게 든다.
· 찹쌀밥에 클로렐라가루, 녹차가루, 백년초가루를 넣어 만들어도 맛있다.

단호박영양찰떡

단호박은 어느 누구에게나 좋은 건강식으로 맛도 좋지만 색 또한 아름다워 떡의 재료로는 금상첨화이다.

재료

찹쌀가루 5컵, 단호박가루 5큰술, 소금 $\frac{1}{2}$큰술

부재료

검은콩 $\frac{1}{4}$컵, 강낭콩 $\frac{1}{4}$컵, 땅콩 $\frac{1}{4}$컵, 호두 3개, 소금 1작은술, 밤 4개, 대추 3개, 아몬드 10g, 설탕 $\frac{1}{2}$컵, 물 $\frac{1}{2}$컵, 소금 $\frac{1}{2}$큰술

만들기

1. 밑준비
- 견과류는 2~3등분하여 설탕, 물, 소금을 넣어 조린다.
- 강낭콩과 검은콩은 불린 후 삶아 소금을 넣고 살짝 익힌다.

2. 가루준비
쌀가루에 소금과 단호박가루를 섞어 놓는다.

3. 섞기
쌀가루에 조린 견과류와 강낭콩, 검은콩, 땅콩을 섞는다.

4. 찌기
김 오른 찜통에 젖은 면보를 깔고 설탕을 뿌린 후 **3**을 넣고 25분간 찐다.

5. 모양내기
다 쪄진 떡을 꺼내어 여러 번 치대어 준 후 모양 틀에 넣어 모양을 잡은 후 냉동실에서 식힌 후 썰어 개별 포장한다.

Tip
· 다른 기능성가루로는 쑥가루 3큰술, 흑미가루 1컵 정도를 넣는 것이 좋고, 흑미가루 사용 시 쌀가루의 양은 4컵으로 줄인다.

홍국쌀영양찰떡

홍국균 균사체를 첨단의 기술로 순수 배양한 기능성 쌀을 홍국쌀이라고 하며 홍국균을 쌀에 발효시킨 누룩을 홍국이라고 한다. 콜레스테롤 저하에 아주 뛰어난 홍국쌀을 가루로 내어 찹쌀가루와 함께 섞어 만든 찰떡으로 매우 고급스러우면서도 현대적인 떡이다.

재료

찹쌀가루 5컵, 홍국쌀가루 1큰술, 소금 $\frac{1}{2}$큰술

부재료

강낭콩 $\frac{1}{4}$컵, 검은콩 $\frac{1}{4}$컵, 땅콩 $\frac{1}{4}$컵, 소금 1작은술, 호두 3개, 밤 4개, 대추 3개, 아몬드 10g, 설탕 $\frac{1}{2}$컵, 물 $\frac{1}{4}$컵, 소금 $\frac{1}{2}$큰술

만들기

1. **밑준비**
   견과류는 2~3등분하여 설탕, 물, 소금을 넣어 조린다. 강낭콩, 검은콩은 불린 후 삶아 소금을 넣고 살짝 익힌다.

2. **가루준비**
   찹쌀가루에 소금과 홍국쌀가루를 섞어 놓는다.

3. **섞기**
   찹쌀가루에 조린 견과류와 강낭콩, 검은콩, 땅콩을 섞는다.

4. **찌기**
   김 오른 찜통에 젖은 면보를 깔고 설탕을 뿌린 후 3을 넣고 25분간 찐다.

5. **모양내기**
   다 쪄진 떡을 꺼내어 여러 번 치대어 준 후 모양 틀에 넣어 모양을 잡은 후 냉동실에서 식힌 후 썰어 개별 포장한다.

Tip

· 찰떡은 오래 치대주어야 쫄깃한 맛을 느낄 수 있다.

클로렐라영양찰떡

클로렐라는 엽록소가 일반 채소류보다 10배나 많으며 광합성 능력도 수십 배나 뛰어나고 알칼리성 식품으로 육류나 곡류 등의 과다섭취로 산성체질로 변한 인체의 이온밸런스를 맞춰준다.

재료

찹쌀가루 5컵, 클로렐라 1큰술, 소금 ½큰술

부재료

강낭콩 ¼컵, 검은콩 ¼컵, 땅콩 ¼컵, 소금 ¼작은술, 호두 3개, 밤 4개, 대추 3개, 아몬드 10g, 설탕 ½컵, 물 ¼컵, 소금 ½큰술

만들기

1. 밑준비
   - 견과류는 2~3등분하여 설탕, 물, 소금을 넣어 조린다.
   - 강낭콩, 검은콩은 불린 후 삶아 소금을 뿌려 넣고 살짝 익힌다.

2. 가루준비
   쌀가루에 소금과 클로렐라가루를 섞어 놓는다.

3. 섞기
   쌀가루에 조린 견과류와 강낭콩, 검은콩, 땅콩을 섞는다.

4. 찌기
   김 오른 찜통에 젖은 면보를 깔고 설탕을 뿌린 후, **3**을 넣고 25분간 찐다.

5. 모양내기
   다 쪄진 떡을 꺼내어 여러 번 치대어 준 후 모양 틀에 넣어 모양을 잡은 후 냉동실에서 식힌 후 썰어 개별 포장한다.

Tip

· 찰떡은 냉동실에 보관하였다가 먹기 1~2시간 전에 실온에 놔두면 본래의 쫄깃한 맛을 느낄 수 있다.

흑임자구름떡

쌀가루에 여러 가지 견과류를 넣어 찐 다음 흑임자가루를 묻혀서 틀에 넣어 구름모양으로 만든다.

재료

찹쌀가루 5컵, 소금 $\frac{1}{2}$컵, 설탕물(설탕 $\frac{1}{2}$컵 + 물 $\frac{1}{2}$컵)
고물: 흑임자가루 $\frac{1}{2}$컵, 소금 $\frac{1}{8}$작은술

부재료

밤 4개, 호두 3개, 대추 3개, 설탕물(설탕 $\frac{1}{2}$컵 + 물 $\frac{1}{2}$컵), 잣 1큰술, 강낭콩 $\frac{1}{4}$컵, 검은콩 $\frac{1}{4}$컵, 소금 $\frac{1}{2}$작은술

만들기

1. **밑준비**
   견과류는 2~3등분하여 설탕물에 넣어 조린다. 강낭콩, 검은콩은 불린 후 삶아 소금을 넣고 살짝 익힌다.

2. **가루준비**
   쌀가루에 소금과 설탕물을 넣어 섞어 놓는다.

3. **섞기**
   쌀가루에 견과류와 강낭콩, 검은콩을 섞는다.

4. **찌기**
   김 오른 찜통에 젖은 면보를 깔고 설탕을 뿌린 후 **3**을 넣고 25분 정도 찐다.

5. **모양내기**
   다 쪄진 떡을 꺼내어 한 덩어리씩 떼어 흑임자가루를 묻혀서 모양 틀에 넣어 모양을 잡아 냉동실에서 식힌 후 썰어 개별 포장한다.

Tip

· 흑임자가루를 너무 많이 묻히면 떡이 잘 붙지 않으므로 얇게 묻혀 준다.

구름떡

쌀가루에 여러 가지 견과류를 넣어 찐 다음 팥가루를 묻혀서 겹겹이 접어 구름모양으로 만든다.

재료

찹쌀가루 5컵, 소금 $\frac{1}{2}$컵, 설탕물(설탕 $\frac{1}{2}$컵 + 물 $\frac{1}{2}$컵)
팥가루 $\frac{1}{2}$컵, 소금 $\frac{1}{8}$작은술, 설탕 2큰술, 꿀 2큰술

부재료

밤 4개, 호두 3개, 대추 3개, 설탕물(설탕 $\frac{1}{2}$컵 + 물 $\frac{1}{2}$컵), 잣 1큰술, 검은콩 $\frac{1}{4}$컵, 소금 $\frac{1}{2}$작은술

만들기

1. 밑준비
- 견과류는 2~3등분하여 설탕물에 넣어 조린다. 검은콩은 불린 후 삶아 소금을 넣고 살짝 익힌다.
- 팥가루에 소금, 설탕, 꿀을 넣어 섞는다.

2. 가루준비
쌀가루에 소금과 설탕물을 넣어 섞어 놓는다.

3. 섞기
쌀가루에 견과류와 검은콩을 섞는다.

4. 찌기
김 오른 찜통에 젖은 면보를 깔고 설탕을 뿌린 후 **3**을 넣고 25분 정도 찐다.

5. 모양내기
네모진 그릇에 밑바닥에 팥가루를 고루 펴고, 쪄낸 떡을 편편하게 펴 담은 다음 다시 그 위에 팥가루를 뿌린다. 떡이 서로 붙어 모양이 잡히도록 꿀을 발라가면서 꼭꼭 눌러 3~4회 겹쳐 모양을 만들어 굳으면 적당한 크기로 썰어낸다.

Tip
- 팥가루는 팥을 푹 무르게 삶아 체에 내린 다음 이것을 다시 고운체에 내려 팥앙금을 만들어 팬에 수분을 날려 볶아준다.

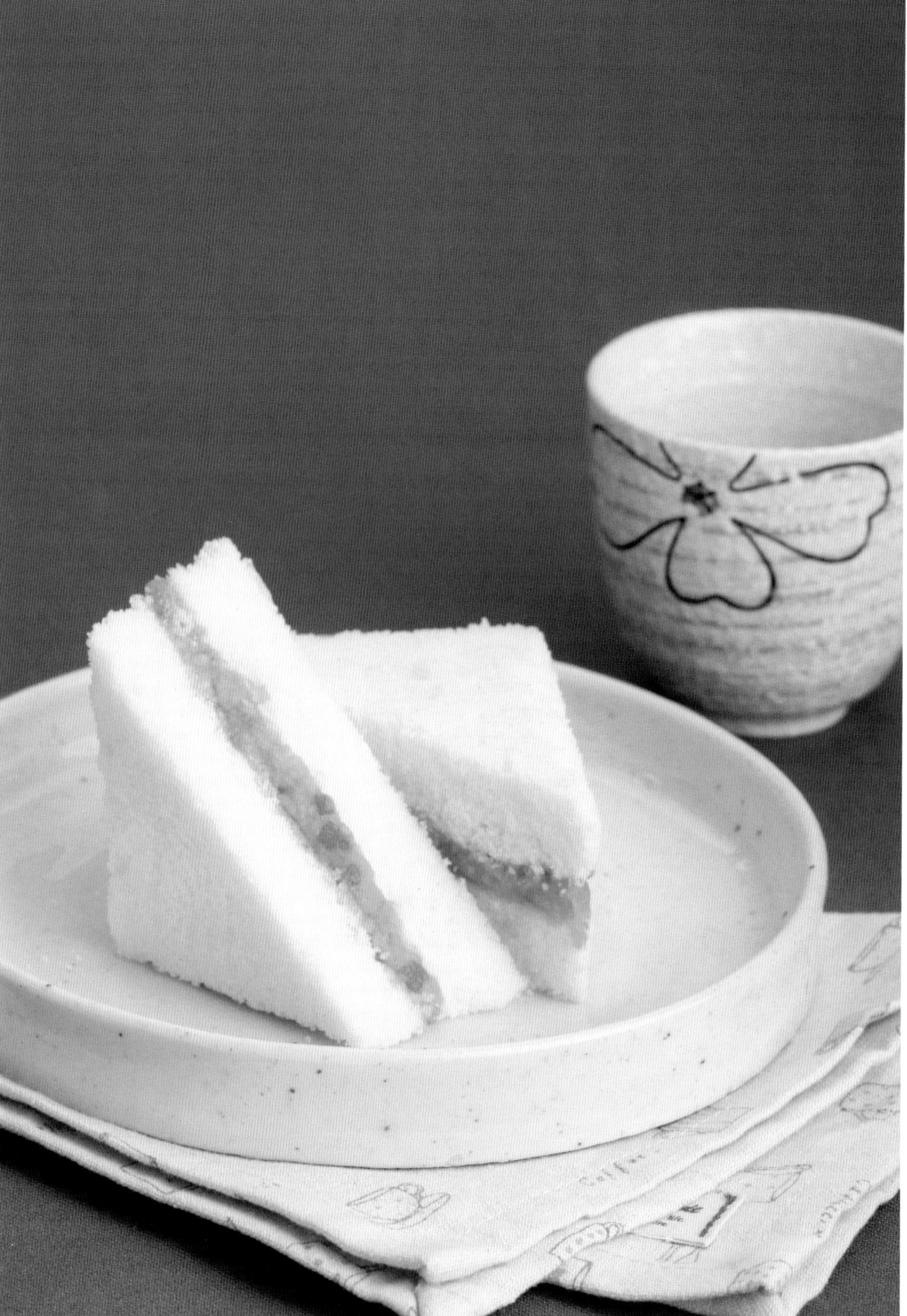

떡샌드위치

쌀가루로 얇게 편으로 떡을 찐 후 가운데 단호박 소를 넣어 샌드위치로 만든 떡이다.

재료

멥쌀가루 3½컵, 찹쌀가루 ½컵, 소금 1작은술, 우유 3큰술, 설탕 3큰술

부재료

단호박 200g, 오이 ¼개, 당근 ⅕개, 아몬드 1큰술, 마요네즈 1큰술, 설탕 1큰술, 소금 ¼작은술

만들기

1. **밑준비**
   단호박은 찜기에 쪄서 속을 파내 으깨고, 오이와 당근은 굵게 다져 소금물에 살짝 절였다가 물기를 뺀다. 준비한 재료를 모두 섞어 마요네즈, 설탕, 소금을 넣고 고루 섞는다.

2. **가루준비**
   쌀가루는 한데 섞어 소금을 넣고 체에 내린 후 우유와 물로 수분을 맞추고 체에 내린다.

3. **안치기**
   준비한 쌀가루에 설탕을 넣고 고루 섞어 찜기에 면보를 깔고 사각틀을 넣은 후 쌀가루를 앉히고 4쪽으로 칼금을 그어 김 오른 찜통에 15분 정도 찐다.

4. **샌드위치 만들기**
   쪄낸 떡을 한 김 식힌 후 단호박 소를 편편하게 넣고 위에 떡을 덮는다.

Tip

· 쌀가루에 우유 대신 두유나 물을 넣어도 좋다.
· 단호박 대신 감자나 고구마 등을 이용해도 좋으며 질지 않게 만든다.
· 멥쌀과 찹쌀의 비율은 찰기에 따라 다르므로 조절할 수 있다.

쇠머리찰떡

쌀가루에 여러 가지 견과류와 황설탕을 넣어 찐 다음 썰어놓은 것이 쇠머리 편육과 비슷한 모양을 한 떡이다.

재료

찹쌀가루 5컵, 소금 $\frac{1}{2}$컵, 설탕물(설탕 $\frac{1}{2}$컵 + 물 $\frac{1}{2}$컵), 황설탕 $\frac{1}{2}$컵

부재료

밤 4개, 호두 3개, 대추 3개, 설탕물(설탕 $\frac{1}{2}$컵 + 물 $\frac{1}{2}$컵), 잣 1큰술, 검은콩 $\frac{1}{4}$컵, 소금 $\frac{1}{4}$컵

만들기

1. **밑준비**
   견과류는 2~3등분하여 설탕물을 넣어 조린다. 검은콩은 불린 후 삶아 소금을 넣고 살짝 익힌다.
2. **가루준비**
   쌀가루에 소금과 설탕물을 넣어 섞어 체에 내린다.
3. **섞기**
   쌀가루에 견과류와 검은콩을 섞는다.
4. **찌기**
   김 오른 찜통에 젖은 면보를 깔고 황설탕을 뿌린 후 준비한 쌀가루를 앉히고 20분 정도 찐다.
5. **모양내기**
   모양 틀에 황설탕을 뿌린 후 다 쪄진 떡을 꺼내어 넣어 모양을 잡은 후 냉동실에 식힌 후 썰어 개별 포장한다.

Tip

· 황설탕 대신에 흑설탕을 뿌려서 찌기도 한다.
· 부재료에 호박고지를 불려서 넣기도 한다.

치는 떡은 시루에 한 번 찐 다음 절구나 안반 등에서 친 것으로
찹쌀 도병과 멥쌀 도병으로 구분한다.

치는떡

꽃절편

절편은 '흰 떡을 쳐서 잘라낸 떡' 이라는 뜻으로 꽃절편은 절편을 둥글게 하여 위에 꽃처럼 색을 놓아 떡의 웃기로 한다.

재료

멥쌀가루 3컵, 소금 1작은술

부재료

천년초가루, 클로렐라가루, 적고구마가루, 참기름 적당량

만들기

1. **물내리기**
   쌀가루에 소금을 넣어 체에 내린 후 물을 주어 김 오른 찜통에 올려 15분 정도 찐다.
   (다른 떡보다 물이 많이 들어간다.)

2. **치기**
   쪄낸 떡을 한 덩어리가 되도록 쳐준다.

3. **물들이기**
   쪄낸 떡을 20g 정도 떼내어 각각의 색으로 물들인다.

4. **모양내기**
   흰떡 반죽을 조금 떼어내고 그 위에 물들인 떡을 밤톨만큼 올린 후 떡살로 찍어낸다.

Tip

· 쑥 대신 수리취, 송기 삶은 것을 섞어 쌀과 함께 빻아 절편을 만들기도 한다.

꽃산병

꽃산병은 충청도 지방의 향토음식으로 이름 그대로 떡 위에 꽃을 얹어 만든 예쁜 떡이다.

재료

멥쌀가루 3컵, 소금 1작은술

부재료

천년초가루, 단호박가루, 팥앙금 100g

만들기

1. **물내리기**
   쌀가루에 소금을 넣어 체에 내린 후 물을 주어 김 오른 찜통에 올려 15분 정도 찐다.
2. **치기**
   쪄낸 떡을 한 덩어리가 되도록 쳐준다.
3. **물들이기**
   쪄낸 떡을 20g 정도 떼내어 각각의 색으로 물들인다.
4. **모양내기**
   반죽을 조금 떼어내고 팥앙금을 넣고 둥글납작하게 만들어 그 위에 물들인 떡을 밤톨만큼 올린 후 떡살로 찍어낸다.

Tip

· 둥근 떡살로 누를 때 팥소가 터지지 않도록 적당한 힘을 가해야 한다.
· 약간 도톰해야 예쁘다.
· 박달나무, 대추나무 등이 떡살로 이용된다.
· 격자무늬: 나쁜 귀신과 악귀가 격자에 갇혀 세상 밖으로 나오지 못하게 한다는 의미
· 수레바퀴무늬: 인생이 아무 일 없이 순탄하게 잘 굴러가길 바라는 의미
· 국화꽃 무늬: 부와 명예의 상징

오색가래떡

가래떡은 설날에 먹는 전통적인 떡으로 요즘에는 색을 들여 오색가래떡을 만들기도 한다.

재료

멥쌀가루 10컵, 소금 1큰술

부재료

쑥가루, 치자가루, 딸기가루, 흑미가루

만들기

1. **물내리기**
   쌀가루에 소금을 넣어 체에 내린 후 5등분하여 각각에 색을 들이고 수분을 맞춘 다음 찜통에 올려 15분 정도 찐다.

2. **치기**
   쪄낸 떡을 각각의 색대로 한 덩어리가 되게 쳐준다.

3. **모양내기**
   쳐낸 떡을 각각 길게 늘여 가래떡 모양으로 늘여준다.

Tip

· 가래떡은 서늘한 곳에 말려 굳혀 칼로 어슷하게 썰어서 떡국을 끓인다.

매생이절편

청정해역에서만 자라는 무공해식품 매생이는 부드럽고 감칠맛 나는 구수함을 가지고 있어 깔끔하고 깨끗한 떡을 만들 수 있다.

재료

멥쌀가루 3컵, 소금 1작은술

부재료

매생이 20g

만들기

1. **물내리기**
   쌀가루에 소금과 매생이를 넣어 손으로 비벼 수분이 고루 가게 한 후 찜통에 올려 15분 정도 찐다.
2. **치기**
   쪄낸 떡을 한 덩어리가 되도록 쳐준다.
3. **모양내기**
   반죽을 조금 떼어내고 흰 절편과 섞어 떡살로 찍어낸다.

Tip

· 매생이 자체에 수분이 많으므로 따로 물을 내릴 필요는 없다.

적채개피떡

적채는 흰색 양배추보다 과당, 포도당, 식물성 단백질 리신, 비타민 C 등의 영양성분이 더 많고 비타민 U가 풍부하여 위궤양에 효과가 있으며, 노화방지, 수은중독방지, 간기능 회복 등의 역할을 하는 셀레늄이 풍부한 건강채소이다.

재료

멥쌀가루 3컵, 소금 1작은술

부재료

적채 10g, 백앙금 60g, 참기름 적당량

만들기

1. **밑준비**
   적채는 곱게 다지거나 커터에 물을 조금 넣어 간다.
2. **물내리기**
   쌀가루에 소금, 적채즙을 넣어 버무려 찜통에 면보를 깔고 15분 정도 찐다(쌀가루 100g에 물 2큰술 정도가 적당하다).
3. **치기**
   쪄낸 떡을 한 덩어리가 되도록 쳐준다.
4. **모양내기**
   작업대 위에 랩을 깔고 밀대로 밀어 소를 놓고 덮은 다음 반달모양이 되도록 찍어낸 후 참기름을 바른다.

Tip

· 떡을 쪄낸 후 색이 흐리면 남은 적채즙에 떡을 적셔가면서 치대어 색을 낼 수 있다.
· 모양은 개피떡과 같으며 적채즙을 이용하여 색을 내었다.

당근개피떡

비타민 A와 베타카로틴(β-Carotene) 함유량이 매우 높으며 당근에 함유된 베타카로틴(β-Carotene)은 췌장암이나 폐암 등의 발생률을 낮춰주고 지질의 산화를 억제하여 동맥경화를 예방하기도 한다.

재료

멥쌀가루 3컵, 소금 1작은술

부재료

당근 10g, 백앙금 60g, 참기름 적당량

만들기

1. **밑준비**
   당근은 가운데 질긴 심을 빼내고 찜통에 쪄 낸 후 곱게 다진다.
2. **물내리기**
   쌀가루에 소금, 수분을 넣어 15분 정도 찐 다음 한 덩어리가 되도록 친다(쌀가루 100g에 물 2큰술 정도가 적당하다).
3. **색들이기**
   2에 곱게 다진 당근을 넣어 치댄다.
4. **모양내기**
   작업대 위에 랩을 깔고 밀대로 밀어 소를 놓고 덮은 다음 반달모양이 되도록 찍어낸 후 참기름을 바른다.

Tip

· 당근은 속에 질긴 심은 빼내고 쪄 준다.
· 당근향이 은은히 퍼지면서 색 또한 멋스러운 개피떡이다.

울금개피떡

울금의 항산화성분은 '쿠르쿠민(Curcumin)' 이라고 하는 노란색 색소로 주요 작용은 간기능을 개선, 담즙분비를 활성화시키며 콜레스테롤 용해작용에 의해 담도결석, 고지혈증, 고혈압, 동맥경화 등을 예방, 개선하고 건위작용 및 살균, 항균작용이 뛰어나 위궤양의 원인이 되는 파이로리균을 제거하고 항암효과가 뛰어나다.

재료

멥쌀가루 3컵, 소금 1작은술

부재료

울금가루 $\frac{1}{8}$작은술, 백앙금 60g, 참기름 적당량

만들기

1. 물내리기
   쌀가루에 소금을 넣고 체에 내린 다음 수분을 넣어 찐다.
2. 치대기
   충분히 찐 다음 한 덩어리가 되도록 오래 치댄다(쌀가루 100g에 물 2큰술 정도가 적당하다).
3. 색들이기
   2에 울금가루를 넣어 치댄다.
4. 모양내기
   작업대 위에 랩을 깔고 밀대로 밀어 소를 놓고 덮은 다음 반달모양이 되도록 몰드로 찍어낸 후 참기름을 바른다.

Tip

· 울금은 아주 조금만 넣어도 색이 예쁘고, 울금의 향을 느낄 수 있는 건강떡이다.

여주산병

밀대로 얇게 밀어 팥소를 넣고 덮어 큰 보시기와 작은 보시기로 개피떡처럼 각각 찍어 낸 다음, 큰 떡 안에 작은 떡을 붙여 넣고 네 끝을 모두 붙인 여주지방의 떡이다.

재료

멥쌀가루 3컵, 소금 1작은술

부재료

거피팥 1컵, 소금 1작은술, 설탕 1큰술, 계핏가루 $\frac{1}{4}$작은술, 꿀 1큰술

만들기

1. **반죽하기**
   쌀가루, 소금을 넣고 체에 내린 후 물을 넣어 버물버물 반죽하여 찜통에 쪄낸다.
2. **거피팥 소**
   거피팥은 충분히 불려 쪄낸 후 절구에 찧어 소금, 설탕, 계핏가루, 꿀을 넣고 뭉쳐 소를 만든다.
3. **모양내기**
   쪄낸 떡을 꽈리가 일도록 친 후 얇게 밀어 팥소를 가운데 놓고 개피떡처럼 큰 모양, 작은 모양으로 찍어내 큰 것으로 작은 것을 감싸안듯이 구부려 네 끝을 한데 모아 붙인다.

Tip

· 작게 만들어 편 위에 얹은 웃기로도 사용되었다.

삼색인절미

인절미는 원래 불린 찹쌀을 찐 후 절구나 안반에 넣어 떡메로 쳐 모양을 만든 뒤 고물을 묻힌 떡이지만 쌀가루를 이용하여 간편하게 만들 수도 있다.

재료

찹쌀가루 5컵, 소금 $\frac{1}{2}$큰술

부재료

노란콩가루 $\frac{1}{3}$컵, 푸른콩가루 $\frac{1}{3}$컵, 흑임자가루 $\frac{1}{3}$컵, 각각 소금, 설탕 약간

만들기

1. **물내리기**
   쌀가루에 소금을 넣어 버물린 후 수분을 주어 김이 오른 찜통에 설탕을 뿌리고 20분 정도 찐다.

2. **치기**
   찐 쌀가루는 꽈리가 일도록 절구에 친다.

3. **모양내기**
   - 도마에 꿀을 바르고 모양을 잡는다.
   - 뜨거울 때 고물을 묻힌다.

Tip

· 인절미는 소금 간이 맞아야 고소하고 맛있다.
· 통찹쌀을 쪄 만든 인절미가 더 쫄깃쫄깃하다.

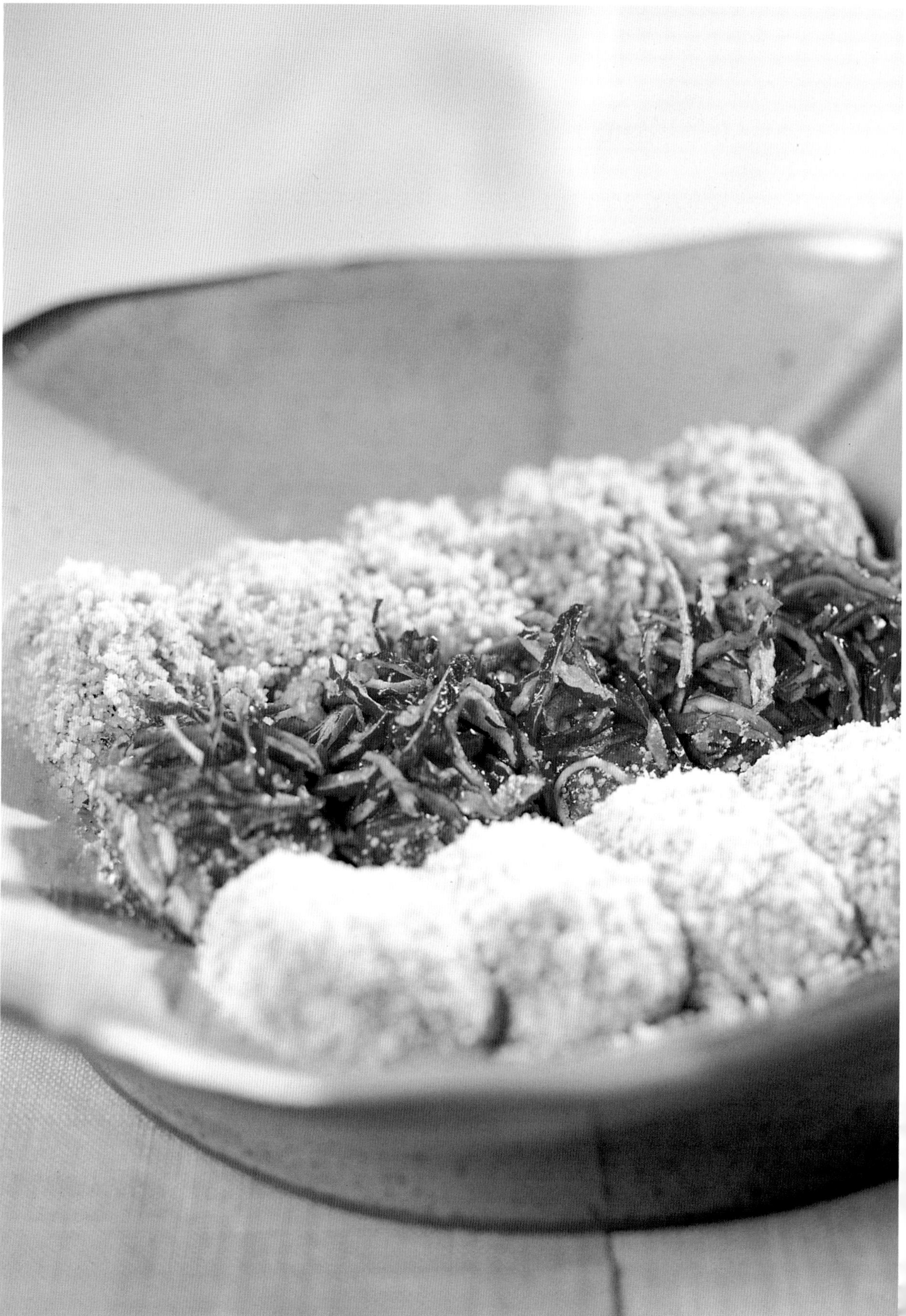

삼색단자

단자는 인절미와 비슷하지만 쌀가루를 쪄서 만드는데, 인절미와는 달리 크기가 작고 각 색편의 웃기로 쓰이는 떡으로 고물도 매우 화려한 떡이다.

재료

대추단자: 찹쌀가루 3컵, 소금 1작은술, 대추 다진 것 3큰술
석이버섯단자: 찹쌀가루 3컵, 소금 1작은술, 석이 다진 것 2큰술
쑥구리단자: 찹쌀가루 3컵, 소금 1작은술, 데친 쑥 20g

부재료

거피팥 1컵, 소금 1작은술, 잣 $\frac{1}{2}$컵, 밤 7개, 대추 15개, 석이버섯 50g, 꿀 2큰술

만들기

1. 밑준비

- 대추 7개는 씨를 발라내어 곱게 다지고 8개는 곱게 채 썰어 찜통에 살짝 찐다.
- 밤은 껍질 벗겨 곱게 채썰어 찜통에 살짝 찐다.
- 석이버섯은 미지근한 물에 불려 손으로 비벼 잘 씻어 물기를 빼고 곱게 다진다.
- 쑥은 데쳐 물기를 꼭 짜고 곱게 다진다.

2. 가루준비

쌀가루에 소금을 넣고 체에 내려 각각의 재료를 넣고 잘 섞은 후 수분을 주어 찜통에 15분 정도 찐다.

3. 치기

찐 떡은 뜨거울 때 꺼내 꽈리가 일도록 절구에 친다.

4. 고물 묻히기

10g 정도 크기로 떼어 꿀을 묻히고 각각의 고물을 묻혀 낸다.

Tip

· 쑥단자에는 거피팥고물, 석이단자에는 잣고물, 대추단자에는 밤, 대추채 등 쌀가루에 섞는 재료와 고물의 맛이 서로 어울리는 것을 쓴다.
· 밤 · 대추는 가늘게 채썰어야 단자에 잘 붙는다.

쑥찰떡

쌀가루에 항균성이 강한 참쑥을 넣어서 만든 떡이다.

재료

찹쌀가루 5컵, 소금 $\frac{1}{2}$컵

부재료

참쑥 100g

만들기

1. **밑준비**
   참쑥을 깨끗이 손질하여 데친 후에 물기를 짜서 쌀가루와 같이 분쇄기에 갈아 놓는다.
2. **가루준비**
   참쑥 넣은 쌀가루에 소금을 넣고 물을 넣어 수분을 맞춘다.
3. **찌기**
   김 오른 찜통에 젖은 면보를 깔고 준비한 쌀가루를 넣고 20분 정도 찐다.
4. **모양내기**
   쪄진 떡을 꺼내어 치댄 후 반대기를 지어 식힌 후 모양대로 썬다.

Tip

· 데친 쑥을 냉동실에 넣어 보관 후 사용할 수도 있다.
· 참쑥과 불린 찹쌀을 함께 롤러기에 내리면 좋다.

감자찰떡

맛있는 감자를 쪄서 절구에 오래 치대 붉은팥고물, 땅콩고물을 묻힌 함경도지방의 향토 떡으로 어린이들 입맛에 맞는 떡이다.

재료

감자 2개, 소금 약간, 설탕 2큰술

부재료

고물: 땅콩 $\frac{1}{2}$컵

만들기

1. **밑준비**
   감자를 푹 무르게 찐 다음 소금을 넣고 절구에 오래 치댄다.
2. **고물준비**
   땅콩은 굵게 다진다.
3. **모양내기**
   찰떡처럼 오래 치댄 감자는 여러 가지 모양을 만들어 고물에 묻힌다.

Tip

· 감자찰떡을 만들 때는 소금을 넣고 치대야 떡이 빨리 식지 않고 찰기가 나며, 떡에 묻히는 고물도 다른 떡에 비해 약간 간간해야 깊은 맛을 느낄 수 있다.

삼색찹쌀떡

쌀가루에 색을 입혀 꽈리가 일도록 친 후 팥소를 넣어 쉽게 만들어 먹을 수 있는 찹쌀떡이다.

재료

찹쌀가루 6컵, 소금 $\frac{1}{2}$큰술, 물 6큰술, 설탕 6큰술

부재료

붉은팥 400g, 소금 1큰술, 설탕 1컵, 클로렐라가루, 단호박가루, 적고구마가루, 녹말가루 약간

만들기

1. **밑준비**
   - 팥은 한 번 삶아 물을 따라 버리고 다시 1시간 정도 푹 무르게 삶는다.
   - 삶은 팥에 소금과 설탕을 섞어 수분을 날려 볶아 팥소를 만든다.
2. **가루내기**
   쌀가루에 소금을 넣어 버무린 후 2컵씩 나누어 각각의 색을 넣고 설탕, 물을 2큰술씩 넣어 수분을 준다.
3. **찌기**
   김 오른 찜통에 20분 정도 찐다.
4. **모양내기**
   - 두꺼운 비닐에 기름을 약간만 묻힌 후 쪄낸 쌀가루를 엎고 방망이로 오랫동안 치대 준다.
   - 치댄 찹쌀을 한 입 크기로 떠낸 후 팥소를 넣고 동글동글하게 빚어 녹말가루를 입혀 완성한다.

Tip

· 먹고 남은 찹쌀떡은 냉동실에 얼려두었다가 불에 구워먹어도 맛이 있다.

주먹손떡

쌀가루를 쪄서 팥소를 넣어 만든 찹쌀떡이다.

재료

쑥색 반죽: 찹쌀가루 3컵, 소금 1작은술, 쑥가루 1작은술, 설탕 2큰술
분홍색 반죽: 찹쌀가루 3컵, 소금 1작은술, 딸기가루 $\frac{1}{2}$작은술, 설탕 2큰술
흑미가루반죽: 찹쌀가루 2컵, 흑미가루 1컵, 소금 1작은술, 설탕 2큰술

부재료

거피팥 2컵, 소금 $\frac{1}{2}$큰술, 호두 4개, 유자청건지 1큰술, 꿀 2큰술

만들기

1. **밑준비**
   거피팥은 하룻밤 충분히 불려 껍질이 없게 깨끗이 씻어 김 오른 찜통에 약 30분간 쪄내어 소금을 넣고 체에 내려 고물을 만든다. 고물에서 3컵 정도를 덜어내어 호두, 유자청건지, 꿀을 넣어 반죽하여 밤톨만하게 소를 만든다.

2. **가루준비**
   쌀가루를 3등분하여 각각의 색 재료와 소금을 넣고 체에 내린 다음 물을 넣어 수분을 맞추고 설탕을 넣어 고루 섞은 후 김 오른 찜기에 올려 20분 정도 찐다.

3. **찌기**
   찜통에 베보자기를 깔고 색들인 쌀가루를 넣어 젖은 베보자기를 덮어 김이 오른 후 20분 정도 찐다.

4. **모양내기**
   쪄진 떡을 쳐서 반죽을 떼어 소를 넣어 동그랗게 만든 후 거피팥고물에 굴려준다.

Tip

· 쪄낸 반죽을 많이 칠수록 쫀득하다.
· 손에 꿀을 발라가며 만들면 붙지 않아 좋다.

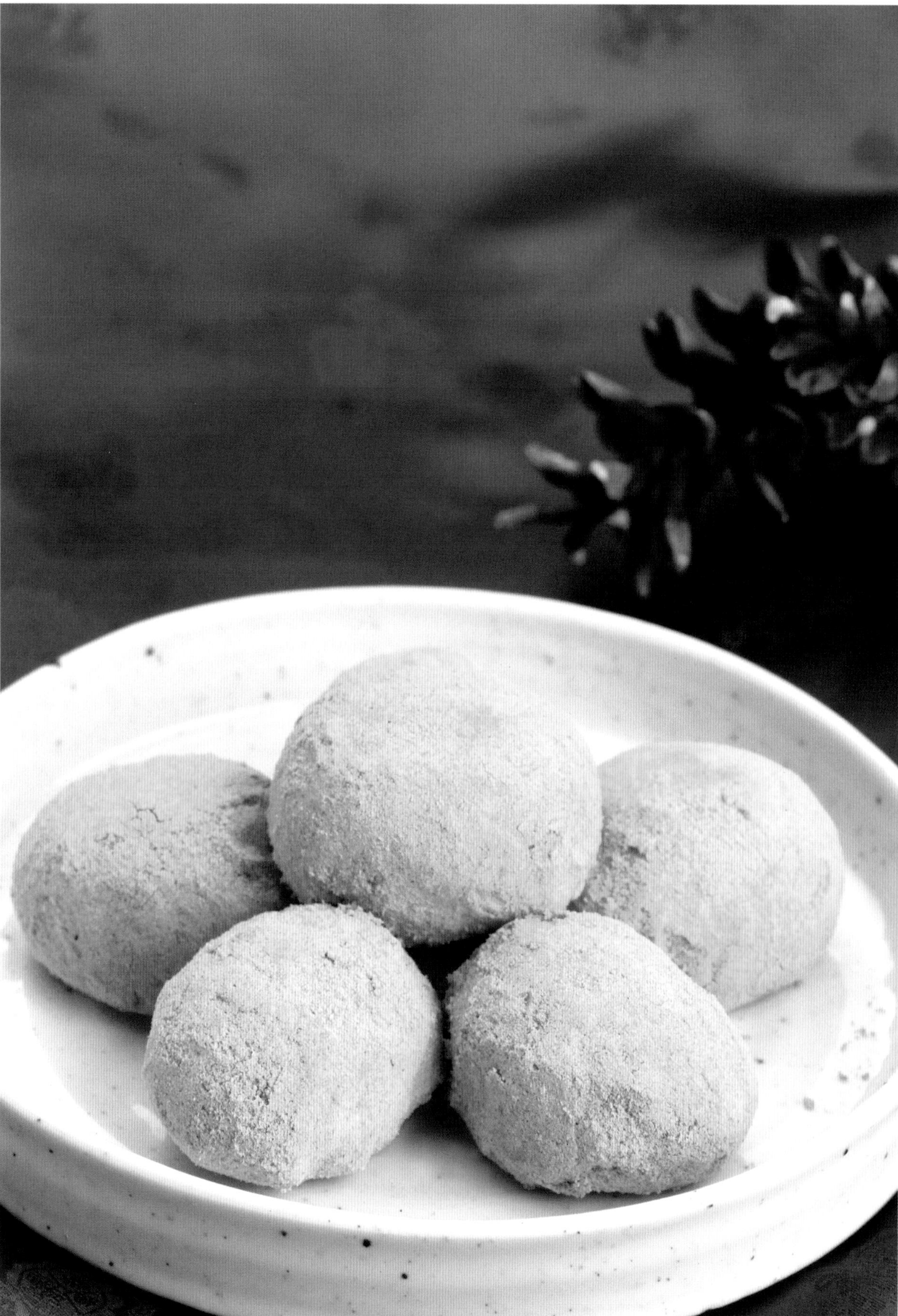

오쟁이떡

오래 치댄 쌀가루에 팥소를 넣고 오쟁이모양으로 큼직하게 빚어 콩가루를 묻혀 만든 떡이다.

재료

찹쌀가루 3컵, 소금 1작은술

부재료

소: 붉은팥 $\frac{1}{2}$컵, 소금 약간, 설탕 1큰술, 노란콩가루 $\frac{1}{2}$컵

만들기

1. 반죽하기

- 쌀가루에 소금, 물을 넣고 버물버물 섞어 찜통에 찐다.
- 절구에 넣고 꽈리가 일도록 친다.

2. 팥소

- 팥은 한 번 삶아 물은 따라 버리고 다시 1시간 정도 푹 무르게 삶아 낸다.
- 푹 삶아 뜸을 들여 소금, 설탕으로 간을 한 뒤 절구에 찧어 팥소를 둥글게 빚는다.

3. 모양내기

찹쌀떡 반죽을 달걀 크기만큼 떼어 팥소를 넣은 후 노란콩가루를 듬뿍 묻힌다.

Tip

· 팥소는 무르게 푹 삶아 물기를 뺀 후 뜸을 들여 질지 않도록 한다.

쑥굴레

어린 쑥을 쌀가루와 섞어 찐 다음 꽈리가 일도록 치댄 후 소를 넣어 만든 떡이다.

재료

찹쌀가루 3컵, 소금 1작은술

부재료

데친 쑥 30g(쑥가루 1작은술)

소: 거피팥 1컵, 소금 1작은술, 꿀 $\frac{1}{4}$작은술

만들기

1. **밑준비**
   쑥은 끓는 물에 데쳐 물기를 짜고 거피팥은 찜통에 쪄서 소금을 넣고 찧어 체에 내려 소를 만든다.
2. **물내리기**
   쌀가루에 찐 쑥을 넣고 찜통에 찐 다음 반죽이 한데 뭉쳐지도록 치댄다.
3. **소만들기**
   거피팥고물과 꿀을 섞어 작게 뭉친다.
4. **모양내기**
   - 도마에 친 떡을 밀어 가운데에 소를 놓고 동그랗게 빚는다.
   - 떡반죽 양쪽에 소를 붙이기도 한다.

Tip

· 쑥은 데쳐서 곱게 다져 냉동고에 두고 쓰면 편리하다.

단호박말이떡

단호박은 탄수화물, 섬유질, 각종 비타민과 미네랄이 듬뿍 들어 있어 성장기 어린이와 허약체질에 좋은 영양식으로 식욕을 증진시킨다.

재료

찹쌀가루 5컵, 소금 ½큰술, 설탕 ½컵

부재료

단호박(찐것) 150g
고물: 거피팥 1컵, 소금 1작은술

만들기

1. 밑준비
- 단호박은 껍질을 벗긴 후 씨를 제거하여 찜통에 20분 정도 찐다.
- 거피팥은 충분히 불려 껍질이 없도록 깨끗이 씻어 김 오른 찜통에 약 30분간 쪄내 소금을 넣고 찧어 체에 내려 고물을 만든다.

2. 가루준비
- 쌀가루에 소금을 넣고 체에 내린다.
- 찐 단호박은 면보에 꼭 짜 수분을 제거한 후 가루와 함께 섞어 비벼 체에 내린 다음 설탕을 넣어 함께 섞는다.

3. 찌기
- 찜통에 베보자기를 깔고 거피팥고물-단호박을 넣은 쌀가루-거피팥고물을 올린다.
- 젖은 베보자기를 덮어 김이 오른 후 15~20분 정도 쪄낸다.

4. 모양내기

쪄진 떡을 꺼내서 두께를 조절해 넓힌 다음, 반으로 나눠 끝에서부터 말아 한 김 나간 후에 썰어 낸다.

Tip

· 단호박은 마른 행주로 꼭 짜서 수분을 제거한 후 사용해야 반죽이 질지 않고 모양이 살아난다.

팥가루말이떡

팥가루를 쌀가루와 함께 섞어 팥의 향이 입 안 가득 퍼지는 달콤한 떡이다.

재료

찹쌀가루 5컵, 소금 $\frac{1}{2}$큰술, 설탕 $\frac{1}{2}$컵

부재료

팥가루 $\frac{1}{2}$컵, 물 3큰술, 거피팥 1컵, 소금 1작은술

만들기

1. 밑준비

- 붉은팥은 푹 무르도록 삶아 주걱으로 팥을 내린 후 팥물을 고운 면보자기에 넣고 찬물에 여러 번 주물러 헹군 다음 물기를 꼭 짜서 앙금을 만들어 팬에 볶아 체에 내린다.
- 거피팥은 하룻밤 충분히 불려 껍질이 없게 깨끗이 씻어 김 오른 찜통에 약 25분간 쪄내어 소금을 넣고 찧어 체에 내려 고물을 만든다.

2. 가루준비

쌀가루에 소금을 넣고 팥가루, 물을 넣어 함께 섞어 비벼 체에 내려 설탕과 함께 섞는다.

3. 찌기

- 찜통에 베보자기를 깔고, 거피팥고물–팥가루를 넣은 쌀가루–거피팥고물을 올린다.
- 젖은 베보자기를 덮어 김이 오른 후 15~20분 정도 쪄낸다.

4. 모양내기

쪄진 떡을 꺼내서 두께를 조절해 넓힌 다음, 반으로 나눠 끝에서부터 말아 한 김 나간 후에 썰어 낸다.

Tip

· 거피팥고물 대신 검정깨가루나 녹두, 푸른콩가루를 써도 좋다.

홍국쌀말이떡

붉은 누룩이라는 뜻의 홍국(紅麴)은 콜레스테롤 수치를 저하시키고 고지혈증을 예방, 혈압강하와 혈당저하, 기타 성인병 예방에 효과적이다.

재료

찹쌀가루 5컵, 소금 $\frac{1}{2}$큰술, 설탕 $\frac{1}{2}$컵

부재료

홍국쌀가루 2큰술, 물 3큰술, 거피팥 1컵, 소금 1작은술

만들기

1. 밑준비

거피팥은 하룻밤 충분히 불려 껍질이 없게 깨끗이 씻어 김 오른 찜통에 약 30분간 쪄내어 소금을 넣고 찧어 체에 내려 고물을 만든다.

2. 가루준비

찹쌀가루에 소금을 넣고 홍국쌀가루, 물을 넣어 함께 섞어 비벼 체에 내려 설탕과 함께 섞는다.

3. 찌기

- 찜통에 베보자기를 깔고, 거피팥고물–홍국쌀가루를 넣은 쌀가루–거피팥고물을 올린다.
- 젖은 베보자기를 덮어 김이 오른 후 15~20분 정도 쪄낸다.

4. 모양내기

쪄진 떡을 꺼내서 두께를 조절해 넓힌 다음, 반으로 나눠 끝에서부터 말아 한 김 나간 후에 썰어 낸다.

Tip

· 홍국쌀가루는 조금만 넣어도 색이 예쁘게 나므로 여러 가지 떡의 부재료로 추천하는 기능성 재료이다.

클로렐라말이떡

노화를 방지하는 항산화 성분인 엽록소와 베타카로틴이 풍부하다. 더욱이 클로렐라에는 성장인자(Chlorella Growth Factor)가 함유되어 있어 성장기 어린이의 근골형성과 성장발육에 매우 좋은 식품으로 평가받고 있다.

재료

찹쌀가루 5컵, 소금 $\frac{1}{2}$큰술, 설탕 $\frac{1}{2}$컵

부재료

클로렐라가루 2큰술, 물 3큰술, 거피팥 1컵, 소금 1작은술

만들기

1. **밑준비**
   거피팥은 하룻밤 충분히 불려 껍질이 없게 깨끗이 씻어 김 오른 찜통에 약 30분간 쪄내어 소금을 넣고 찧어 체에 내려 고물을 만든다.

2. **가루준비**
   쌀가루에 소금을 넣고 클로렐라가루와 함께 섞어 비벼 체에 내려 설탕과 함께 섞는다.

3. **찌기**
   - 찜통에 베보자기를 깔고, 거피팥고물-클로렐라가루를 넣은 쌀가루-거피팥고물을 올린다.
   - 젖은 베보자기를 덮어 김이 오른 후 15~20분 정도 쪄낸다.

4. **모양내기**
   쪄진 떡을 꺼내서 두께를 조절해 넓힌 다음, 반으로 나눠 끝에서부터 말아 한 김 나간 후에 썰어 낸다.

Tip

· 말이떡은 수분이 많이 들어가면 늘어지므로 썰었을 때 모양이 예쁘지 않다.

쌈지떡

절편에 색을 들여 네모지게 잘라 보자기 모양으로 싼 절편이다.

재료

멥쌀가루 3컵, 소금 1작은술

부재료

백앙금 60g, 딸기가루, 치자가루, 참기름 2큰술

만들기

1. **밑준비**
   백앙금을 네모진 모양으로 빚어 놓는다.
2. **물내리기**
   쌀가루에 소금을 넣고 물을 주어 버무려 찜통에 면보를 깔고 15분 정도 찐다.
3. **치기**
   쪄진 반죽을 한 덩어리가 되게 쳐준 다음, 3등분하여 딸기가루, 치자가루로 색을 들인다.
4. **모양내기**
   작업대 위에 랩을 깔고 반죽을 밀어 흰색과 색을 들인 것을 각각 밀어 붙인 후 네모지게 자른 후 소를 넣고 보자기처럼 싼 다음 장식한 후 참기름을 바른다.

Tip

· 반죽에 너무 진하지 않게 색을 들인다.
· 백앙금에 견과류를 다져 넣어도 좋다.

매화떡

절편에 색을 들여 소를 넣고 5등분하여 매화모양의 꽃모양으로 만든 떡이다.

재료

멥쌀가루 3컵, 소금 1작은술

부재료

백앙금 60g, 딸기가루, 쑥가루, 참기름 2큰술

만들기

1. **밑준비**
   백앙금을 은행알 크기로 동그란 모양으로 빚어 소를 만든다.
2. **물 내리기**
   쌀가루에 소금을 넣고 체에 내린 후 물을 주어 버무려 찜통에 면보를 깔고 15분 정도 찐다.
3. **치기**
   쪄진 반죽을 한 덩어리가 되게 쳐준 다음, 딸기가루로 색을 들이고, 잎모양으로 빚을 떡반죽은 쑥가루로 색을 들인다.
4. **모양내기**
   반죽을 밤톨만하게 떼어내어 소를 넣어 젓가락으로 5등분으로 자국을 내어 모양을 내고, 쑥반죽을 밀대로 밀어 잎모양 틀로 찍어 참기름을 발라 담아낸다.

Tip

· 반죽에 너무 진하지 않게 색을 들인다.

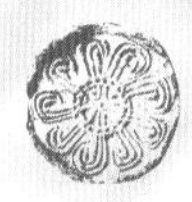

지지는 떡은 찹쌀가루를 익반죽하여 모양을 내어
기름에 지지거나 튀긴 떡으로 화전, 주악 등이 대표적이다.

지지는 떡

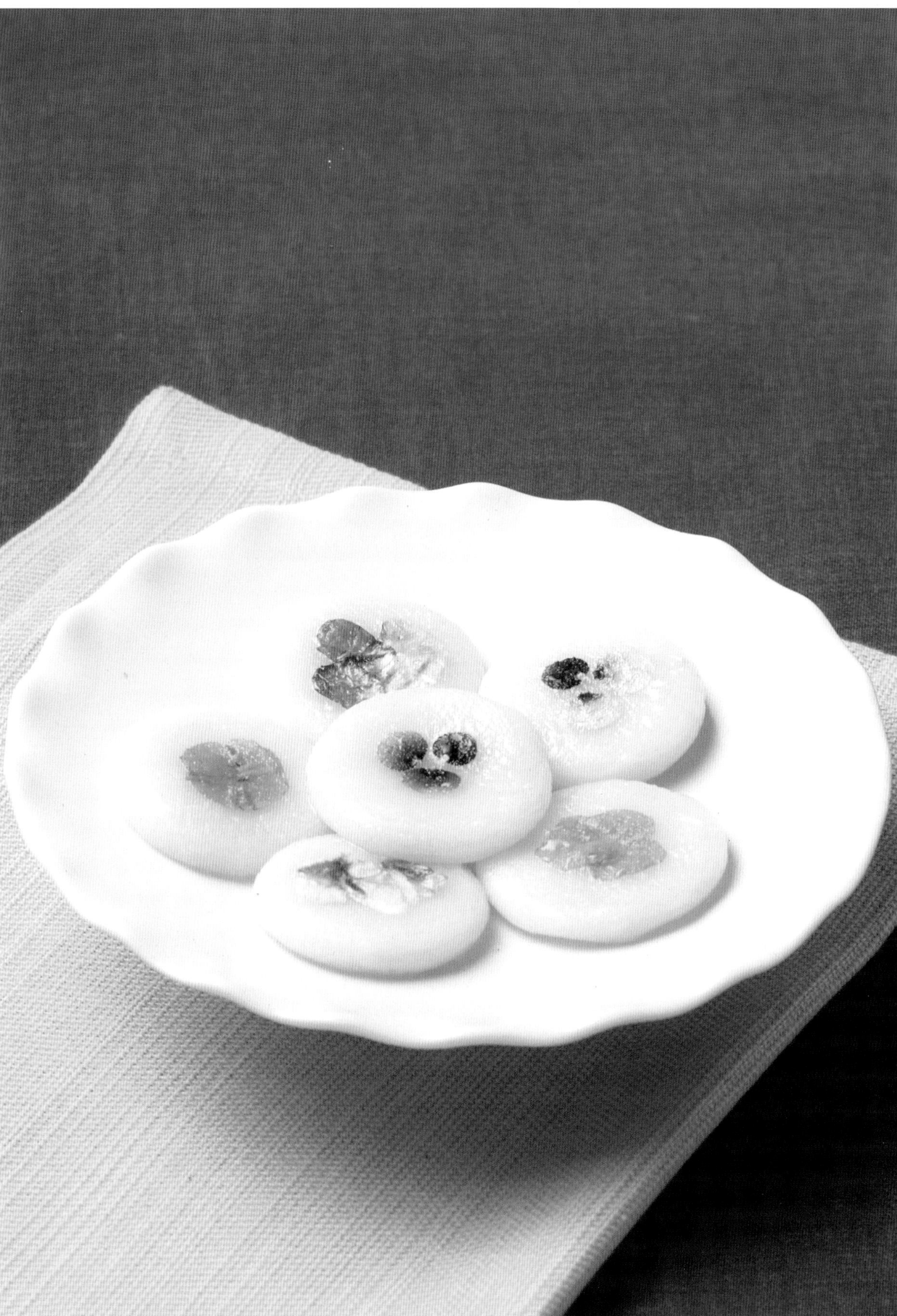

화전

지지는 떡의 일종으로 꽃처럼 예쁘다고 하여 '화전'이라 한다. 봄에는 진달래, 여름에는 노란 장미꽃, 가을에는 감국을 사용하여 지졌다.

재료

찹쌀가루 3컵, 소금 1작은술

부재료

식용꽃 10개, 식용유 약간
시럽: 설탕 5큰술, 물 5큰술

만들기

1. **밑준비**
   고명으로 사용할 식용꽃에 꽃술을 떼고 물에 씻어 물기를 닦아준다.
2. **반죽**
   쌀가루에 소금을 넣어 체에 내린 다음, 뜨거운 물로 익반죽하여 고루 치대어 직경 5~6cm 정도로 둥글고 납작하게 빚는다.
3. **지지기**
   팬에 달구어 기름을 두르고, 찹쌀 빚은 것을 서로 붙지 않게 떼어놓고 지진다.
4. **모양내기**
   익어서 맑은 색이 나면 뒤집어서 위에 꽃잎을 부쳐 꺼내 시럽을 뿌려준다.

Tip

· 낮은 불에서 천천히 지져야 타지 않는다.
· 팬에 식용유를 너무 많이 두르지 않아야 담백하다.
· 꽃잎 색을 잘 살리면서 익혀야 한다.
· 꽃잎이 없을 때에는 대추와 쑥갓을 이용하기도 한다.

오색전

쌀가루를 색색이 반죽하여 밤알만큼 떼어 지진 후 오색을 맞붙여 만든 색전이다.

재료

찹쌀가루 3컵, 소금 1작은술

부재료

단호박(찐 것) 1큰술, 비트즙 1작은술, 당근즙 1큰술, 시금치즙 $\frac{2}{3}$작은술, 석이가루 $\frac{1}{4}$작은술, 식용유 $\frac{1}{3}$컵

시럽: 설탕 5큰술, 물 5큰술

만들기

1. **반죽하기**
   각각의 쌀가루에 기능성 재료로 색을 들이고 소금을 넣어 익반죽한 뒤 오래 치댄다.

2. **지지기**
   밤알만큼 떼어 오색을 서로 맞붙여 팬에 지진다.

3. **시럽**
   시럽을 뿌려준다.

Tip

· 반죽 후 수분이 증발하므로 젖은 면보에 싸둔다.

꽃전

익반죽한 쌀가루에 식용꽃을 넣어 함께 반죽하여 지져낸 떡이다.

재료

찹쌀가루 3컵, 소금 1작은술

부재료

식용꽃 100g, 식용유 $\frac{1}{3}$컵
시럽: 설탕 5큰술, 물 5큰술

만들기

1. **밑준비**
   식용꽃 잎을 낱낱이 떼어 깨끗이 씻은 후 체에 받쳐 물기를 뺀다.

2. **반죽하기**
   익반죽한 쌀가루에 식용꽃을 넣어가며 오래 치댄다.

3. **지지기**
   - 익반죽한 것을 밤알만큼 떼어 팬에서 말갛게 익혀낸다.
   - 시럽을 뿌린다.

Tip

· 꽃잎이 타지 않도록 약불에서 색을 살려가며 익힌다.

웃기떡

쌀가루에 천연색으로 익반죽하여 소를 넣어 반으로 접어 눌러 붙이고 고명으로 장식한 떡으로 '우지지, 우찌지'라고도 불린다. 주로 웃기떡이나 이바지음식의 고명으로 많이 사용한다.

재료

찹쌀가루 3컵, 소금 1작은술

부재료

클로렐라가루, 울금가루, 적고구마가루, 천년초가루, 치자가루, 팥앙금 50g, 식용유 $\frac{1}{3}$컵
시럽 : 설탕 5큰술, 물 5큰술
고명 : 대추, 쑥갓, 석이채, 밤채, 흑임자

만들기

1. **반죽하기**
   각각의 쌀가루에 기능성 재료로 색을 들여 소금을 넣어 익반죽한 뒤 오래 치댄다.
2. **지지기**
   팬에 기름을 두르고 반죽을 눌러 말갛게 되면 뒤집어 팥앙금을 넣고 손으로 가만히 눌러준다.
3. **고명**
   대추, 쑥갓, 석이채, 밤채 등 고명을 얹는다. 또는 접시에 설탕을 뿌리고 꺼내어 고명이 없는 쪽에 팥앙금을 놓고 말아 양끝을 눌러준다.

Tip

· 석이버섯은 미지근한 물에 불려 숟가락이나 소금을 이용하여 이끼를 제거해준다.

차수수부꾸미

「조선무쌍신식요리제법」에서는 '북꾀미' 라 표기되어 있었다. 옛날에는 웃기떡으로 쓰였지만 근래에는 크게 만들어 먹는다.

재료

차수수가루 2컵, 찹쌀가루 1컵, 소금 1작은술, 식용유 $\frac{1}{4}$컵

부재료

붉은팥 1컵, 소금 1작은술, 설탕 $\frac{1}{2}$컵, 잣 1작은술

만들기

1. **팥소 만들기**
   붉은팥은 한 번 삶아 물을 따라 버리고 다시 무르게 푹 삶아 수분이 다 날아가면 소금, 설탕을 넣어 으깬 후 팥소를 만든다.
2. **반죽**
   차수수가루, 쌀가루, 소금을 넣고 체에 내린 후 더운 물로 익반죽한 뒤 오랫동안 치대어 탄력 있는 반죽을 만든다.
3. **지지기**
   반죽한 수수는 4cm 지름이 되게 빚어 달군 팬에 올려 지진다. 한쪽 면이 익으면 뒤집어 팥소를 중앙에 넣어 반 접어 지져낸다. 비늘잣으로 장식한다.

Tip

· 떡반죽을 기름에 지질 때 숟가락에 달라붙을 수 있으니 숟가락에 수시로 기름을 발라줘야 한다.

석류병

익반죽한 쌀가루를 석류모양으로 빚어 지지는 웃기떡의 일종이다.

재료

찹쌀가루 3컵, 소금 1작은술, 백년초가루, 식용유 $\frac{1}{2}$컵

부재료

소 : 대추 3개, 계핏가루 약간, 꿀 1작은술

시럽 : 설탕 5큰술, 물 5큰술

만들기

1. **반죽하기**
   쌀가루에 소금, 백년초가루를 넣어 익반죽한다.

2. **소 만들기**
   돌려깎은 대추를 곱게 다지고 계핏가루와 꿀을 넣어 콩알만하게 빚는다.

3. **모양내기**
   각각의 반죽을 작게 떼어 둥글게 빚은 뒤 골무모양처럼 구멍을 파 소를 넣고 반죽의 끝자락을 손가락으로 꼭 집어 오므린다.

4. **지지기**
   팬에 기름을 끼얹어가며 지진 다음 시럽을 뿌려준다.

Tip

· 기름이 너무 뜨거우면 찹쌀이 부풀어 올라 석류의 모양이 망가지므로 약불에서 천천히 지져야 한다.

오색주악

송편처럼 빚어 기름에 지져내는 떡으로 정성이 많이 가는 고급스러운 웃기떡이다.

재료

찹쌀가루 5컵, 소금 $\frac{1}{2}$큰술, 식용유 2컵

부재료

소: 대추 10개, 계핏가루 $\frac{1}{2}$작은술, 꿀 1큰술
가루: 딸기가루, 쑥가루, 치자물, 계핏가루
시럽: 물 $\frac{1}{2}$컵, 설탕 $\frac{1}{2}$컵

만들기

1. **밑준비**
   대추는 돌려깎아 곱게 채 썰어 다진 후 계핏가루와 꿀을 섞어 콩알만하게 빚어 소를 만든다.

2. **반죽**
   쌀가루에 소금을 넣어 5등분하여 각각의 색대로 익반죽을 한다.

3. **빚기**
   반죽을 새알 크기로 떼어 송편처럼 속에 소를 넣어 납작하게 빚는다.

4. **지지기**
   팬에 기름을 붓고 100~120℃에 튀겨 낸 후 기름기를 뺀다.

5. **집청**
   기름을 뺀 주악을 시럽에 집청한 후 체에 받혀 건져낸다.

Tip

· 낮은 온도의 기름에 몇 개씩만 넣어서 서서히 지져내야 모양이 부풀지 않는다.

개성우메기

개성주악이라고도 불리우며 마치 조약돌처럼 생겨 붙은 이름이다. 궁중에서는 조악이라 불리기도 하였고, 찹쌀가루와 멥쌀가루를 섞고 막걸리를 넣어 둥글넓적하게 빚은 후 기름에 튀겨낸 음식으로 폐백이나 이바지음식의 웃기로 사용되었다.

재료

찹쌀가루 2컵, 멥쌀가루 $\frac{2}{3}$컵, 효모가 살아있는 막걸리 $\frac{1}{3}$컵, 뜨거운 물 $\frac{1}{3}$컵, 소금 $\frac{1}{2}$작은술, 설탕 1큰술, 식용유 3컵

부재료

시럽 : 물 1컵, 설탕 1컵, 꿀 $\frac{1}{2}$컵
고명 : 대추 2개

만들기

1. **가루준비**
   찹쌀가루, 멥쌀가루, 소금을 체에 내린 후 설탕을 넣어 고루 섞는다.

2. **반죽하기**
   준비한 가루에 막걸리, 뜨거운 물을 넣어 귓볼처럼 말랑말랑하게 익반죽하여 둥글게 빚은 다음 가운데를 두 손가락으로 눌러준다.

3. **튀기기**
   - 낮은 온도에서 떠오르면 바로 건져 높은 온도로 보내 연한 갈색으로 색을 낸다.
   - 100℃에서 2~3분 모양잡기
   - 150℃에서 2차 튀기기

4. **고명**
   익으면 시럽에 담갔다가 대추로 장식한다.

Tip

· 우메기를 튀길 때에는 한꺼번에 넣지 않고 하나씩 젓가락으로 잡으면서 튀겨야 모양도 예쁘고 서로 달라붙지 않는다.
· 반죽에 밀가루 1큰술을 넣으면 모양이 더 일정하게 된다.

계강과

계피와 생강을 넣는다고 계강과라 불리우며, 생강모양처럼 만든 후 찜통에 쪄서 기름에 지져 집청에 담갔다 먹는 우리과자이다.

재료

찹쌀가루 $\frac{1}{2}$컵, 메밀가루 $\frac{1}{4}$컵, 소금 $\frac{1}{4}$작은술, 생강즙 $\frac{1}{2}$큰술, 계핏가루 1작은술, 설탕 1큰술, 끓는 물 3큰술

부재료

고물 : 잣 $\frac{1}{4}$컵

소 : 잣가루 2큰술, 꿀 $\frac{1}{2}$컵

만들기

1. **밑손질**
   - 생강은 껍질을 벗겨 곱게 다져 즙을 만든다.
   - 잣은 다져서 고물과 소를 준비한다.
2. **체 내리기**

   쌀가루, 메밀가루, 소금을 체에 내린다.
3. **반죽하기**
   - 생강즙, 계핏가루, 설탕을 넣어 끓는 물로 익반죽한다.
   - 밤톨만큼 떼어 잣 소를 넣고 생강모양으로 세발을 만든다.
4. **찌기**

   찜통에 2분 정도 찐다.
5. **지지기**

   팬에 찐 계강과를 지진 후 꿀을 바르고 잣가루를 묻힌다.

Tip

· 지질 때는 기름을 넉넉히 두르고 지져야 전체적으로 색이 고루 나며, 지져서 기름을 완전히 뺀 후 잣가루를 묻혀야 질척하지 않고 보슬보슬하다.

서여향병

마를 통째로 쪄낸 다음 썰어서 꿀에 담갔다가 쌀가루를 묻혀 기름에 지져내어 잣가루를 입힌 떡이다.

재료

마 150g, 소금 $\frac{1}{4}$작은술

부재료

찹쌀가루 5큰술, 잣가루 50g, 꿀 $\frac{1}{2}$컵, 식용유 $\frac{1}{3}$컵

만들기

1. **밑준비**
   마는 깨끗이 씻어 껍질을 벗긴 후 비스듬히 썰어 소금을 뿌린 후 찜통에 냄새만 가실 정도로 살짝 쪄낸다.

2. **재우기**
   쪄낸 마를 꿀에 20분간 재운 다음 체에 밭친다.

3. **지지기**
   고운체에 내린 쌀가루를 앞뒤로 묻혀 팬에 노릇노릇 지져 잣가루에 묻혀낸다.

Tip

· 찜통에 마를 찔 때에는 먹기 좋은 크기로 자른 후 너무 무르지 않게 냄새만 가실 정도로 살짝 쪄내야 지질 때 부서지지 않는다.

섭산삼병

껍질을 벗긴 더덕을 넓게 펴서 쓴맛을 뺀 후 쌀가루를 입혀 기름에 튀긴 고급스런 음식으로 주안상에도 어울리는 후식이다.

재료

깐 더덕(심빼고) 100g, 찹쌀가루 ½컵, 소금 1작은술

부재료

식용유 2컵

만들기

1. **밑준비**
   더덕은 껍질을 벗기고 끝이 떨어지지 않게 길이로 갈라 방망이로 얇게 두드린 후 소금물에 담가 끈끈한 것을 뺀 후 마른행주에 눌러 물기를 없앤다.

2. **가루준비**
   - 찹쌀은 불려서 가루로 빻아 소금 간을 한 후 체에 내린다.
   - 마른 쌀가루일 때는 수분을 조금 주어 사용한다.

3. **튀기기**
   쌀가루에 더덕을 골고루 묻혀서 중온의 기름에서 튀긴다.

Tip

· 껍질을 벗길 때에는 살짝 구워 동글리면서 칼로 긁으면 손가락에 진이 묻지 않고 껍질이 터지면서 잘 벗겨진다.

삶는 떡은 찹쌀가루를 익반죽하여 빚어 주악이나 약과 모양으로 썰고
또는 구멍 떡으로 만들어 끓는 물에 삶아 건져 고물을 묻힌 떡이다.

삶는떡

오색경단

쉽게 즉석에서 만들어 먹을 수 있는 떡으로 주로 오색고물을 묻히고 돌상에 많이 올리는 떡이다.

재료

찹쌀가루 5컵, 소금 $\frac{1}{2}$큰술 (1컵당 물의 양 1~2큰술)

부재료

거피팥고물 $\frac{1}{2}$컵, 붉은팥가루 $\frac{1}{2}$컵, 파란콩가루 $\frac{1}{2}$컵, 흑임자가루 $\frac{1}{2}$컵, 카스텔라(체에 내린 것) $\frac{1}{2}$컵, 설탕 약간, 잣 $\frac{1}{2}$컵

만들기

1. **밑준비**
   카스텔라는 체에 내려 설탕을 따로 넣지 않고 고물을 준비하고 나머지 고물들도 그대로 준비한다.

2. **반죽**
   쌀가루에 소금을 넣어 체에 한 번 내린 후 뜨거운 물로 익반죽하여 직경 2cm 정도로 동그랗게 빚어 잣을 2~3알씩 넣어준다.

3. **삶기**
   끓는 물에 넣어 떠오르면 건져내어 찬물에 헹궈 물기를 뺀다.

4. **모양내기**
   삶아낸 경단을 각각의 고물에 나누어 묻힌다.

Tip

· 경단은 끓는 물로 익반죽하며 삶을 때에는 바닥에 눌러 붙지 않게 하고, 익으면 건져 찬물에 냉각시켜 물기를 완전히 뺀 후 고물을 묻힌다.

꽃경단

쌀가루를 익반죽하여 동그랗게 빚어 끓는 물에 삶아 색다른 고물을 묻혀 낸 현대감각을 지닌 떡이다.

재료

찹쌀가루 3컵, 소금 1작은술

부재료

대추고물 : 대추 10개
녹두고물 : 녹두 $\frac{1}{4}$컵
호박씨고물 : 호박씨 $\frac{1}{2}$컵
잣 $\frac{1}{2}$컵

만들기

1. 밑준비

- 대추는 돌려깎기하여 씨를 빼고 돌돌 말아 꽃모양으로 만든다.
- 통녹두는 물에 충분히 불린 후 껍질을 제거한 후 찜통에 30분 정도 찐다.
- 호박씨는 깨끗이 손질하여 가루를 낸다.

2. 반죽하기

쌀가루에 소금을 넣어 익반죽하여 잣을 2~3알 정도 넣고 새알 크기만큼 빚는다.

3. 삶기

냄비에 물을 넉넉히 올려 끓으면 빚은 경단들을 넣어 떠오르면 건져 찬물에 헹구어 물기를 뺀다.

4. 모양내기

물기를 뺀 경단은 각각 고물을 묻혀 낸다.

Tip

· 경단을 삶을 때에는 물을 많이 하고 조금씩 삶아내는 것이 좋으며, 한꺼번에 많은 양을 삶으면 물이 걸쭉해지고 지저분해지면서 서로 달라붙는다.

사과단자

쌀가루에 사과소를 넣고 고물로 코코넛가루를 묻혀 만든 단자이다.

재료

찹쌀가루 3컵, 소금 1작은술, 딸기가루 $\frac{1}{2}$작은술

부재료

사과 1개, 설탕 $\frac{1}{2}$컵, 거피팥고물 2컵, 꿀 1큰술, 코코넛가루 $\frac{1}{3}$컵

만들기

1. **밑준비**
   - 사과는 씨를 빼고 원형으로 얇게 썰어 설탕을 뿌려 사과정과를 만든다.
   - 설탕에 절인 사과 2쪽 정도를 물기를 없애고 곱게 다져 거피팥고물과 섞어 꿀을 넣어 반죽한 후 은행알만하게 동그랗게 소를 만든다.
2. **반죽하기**
   쌀가루에 소금, 딸기가루를 넣어 끓는 물로 익반죽하여 밤톨만하게 떼어 소를 넣고 동그랗게 빚는다.
3. **삶기**
   냄비에 물을 넉넉히 올려 끓으면 빚은 경단을 넣어 떠오르면 건져 찬물에 헹구어 물기를 뺀다.
4. **모양내기**
   물기를 뺀 경단에 코코넛가루를 굴려준 후 사과정과 위에 올려준다.

Tip

· 사과정과는 홍옥을 이용하면 더 색깔이 예쁘다.
· 경단을 삶을 때 떠오르고 나서 30초에서 1분 정도 뜸을 들인 후 건져야 잘 익는다.

오메기떡

차조가루를 반죽하여 둥글게 빚어 도넛처럼 가운데 구멍을 내고 삶아 콩가루나 팥고물에 굴린 떡이다.

재료

차조가루 5컵, 소금 $\frac{1}{2}$큰술

부재료

고물 : 노란콩가루 1$\frac{1}{2}$컵, 소금 $\frac{1}{4}$작은술, 설탕 1$\frac{1}{2}$큰술, 붉은팥 $\frac{1}{2}$컵, 소금 $\frac{1}{2}$작은술, 설탕 3큰술

만들기

1. **밑준비**
   - 콩가루에 소금과 설탕을 넣어 맛을 낸다.
   - 붉은팥은 무르게 푹 삶아 소금을 넣고 어레미에 친 뒤, 설탕을 넣고 팬에 볶아 수분을 제거하여 팥고물을 만든다.
2. **익반죽**
   차조가루는 소금을 넣고, 끓는 물에 익반죽하여 직경 5~6cm 정도의 도넛 모양으로 빚는다.
3. **삶기**
   끓는 물에 삶고 냉수에 헹구어 물기가 빠지면 콩가루와 팥고물로 묻혀 낸다.

Tip

· 물기를 완전히 빼고 고물을 묻혀야 표면이 보슬보슬하다.

잣구리

쌀가루를 익반죽하여 누에고치 모양으로 만들어 밤고물을 꿀에 개어 소로 넣고 빚어 삶아 잣가루를 묻힌 매우 호화스런 떡이다.

재료

찹쌀가루 5컵, 소금 $\frac{1}{2}$큰술

부재료

소 : 밤 15개, 꿀 1큰술, 계핏가루 $\frac{1}{4}$작은술

고물 : 잣 1컵

만들기

1. **밑준비**
   - 밤은 껍질을 벗겨 푹 삶아 찧어 체에 내린 다음, 꿀과 계핏가루를 넣고 대추만하게 뭉쳐서 소를 만든다.
   - 잣은 한지를 여러 장 깔고 칼로 곱게 다져서 잣고물을 만들어 놓는다.

2. **익반죽**

   쌀가루에 소금을 넣고 체에 한 번 내린 후 익반죽하여 밤소를 넣고 길이 4cm 정도의 누에고치 모양으로 빚어 놓는다.

3. **삶기**

   끓는 물에 반죽을 넣어 삶아 건져 찬물에 헹군 후 물기를 뺀다.

4. **모양내기**

   물기 뺀 떡은 잣가루에 굴려 고물을 묻힌다.

Tip

· 잣구리는 삶는 떡으로 만들기가 간편하고 집에서 손쉽게 만들 수 있으며, 겉에 묻히는 고물은 밤이나 깨고물 등을 사용하기도 한다.

당고떡

경단처럼 빚어 팥가루를 겉에 묻혀 단맛이 듬뿍 느껴지는 떡이다.

재료

찹쌀가루 3컵, 소금 1작은술, 설탕 2작은술

부재료

팥가루 2컵, 꿀 1~2큰술

만들기

1. 익반죽
   - 쌀가루에 소금과 설탕을 넣고 익반죽하여 새알처럼 동그랗게 경단을 만든다.
   - 고운 팥가루에 꿀을 넣고 반죽한다.
2. 삶기
   반죽한 경단은 끓는 물에 삶아 떠오르면 건져 찬물에 헹궈 물기를 뺀다.
3. 모양내기
   삶아낸 경단에 반죽한 팥가루를 동그랗게 씌어낸다.

Tip

· 팥가루를 체에 내릴 때는 최대한 고운체를 사용한다.

전통적으로 과자를 가리켜 '과정류'라 하였는데
과정은 다름 아닌 과자를 이르는 한자어로 즉, 곡물에 꿀을 섞어 만든 것을 말한다.
유밀과와 다식, 정과, 과편, 숙실과, 엿강정 등을 통틀어 한과류라 한다.

한과류

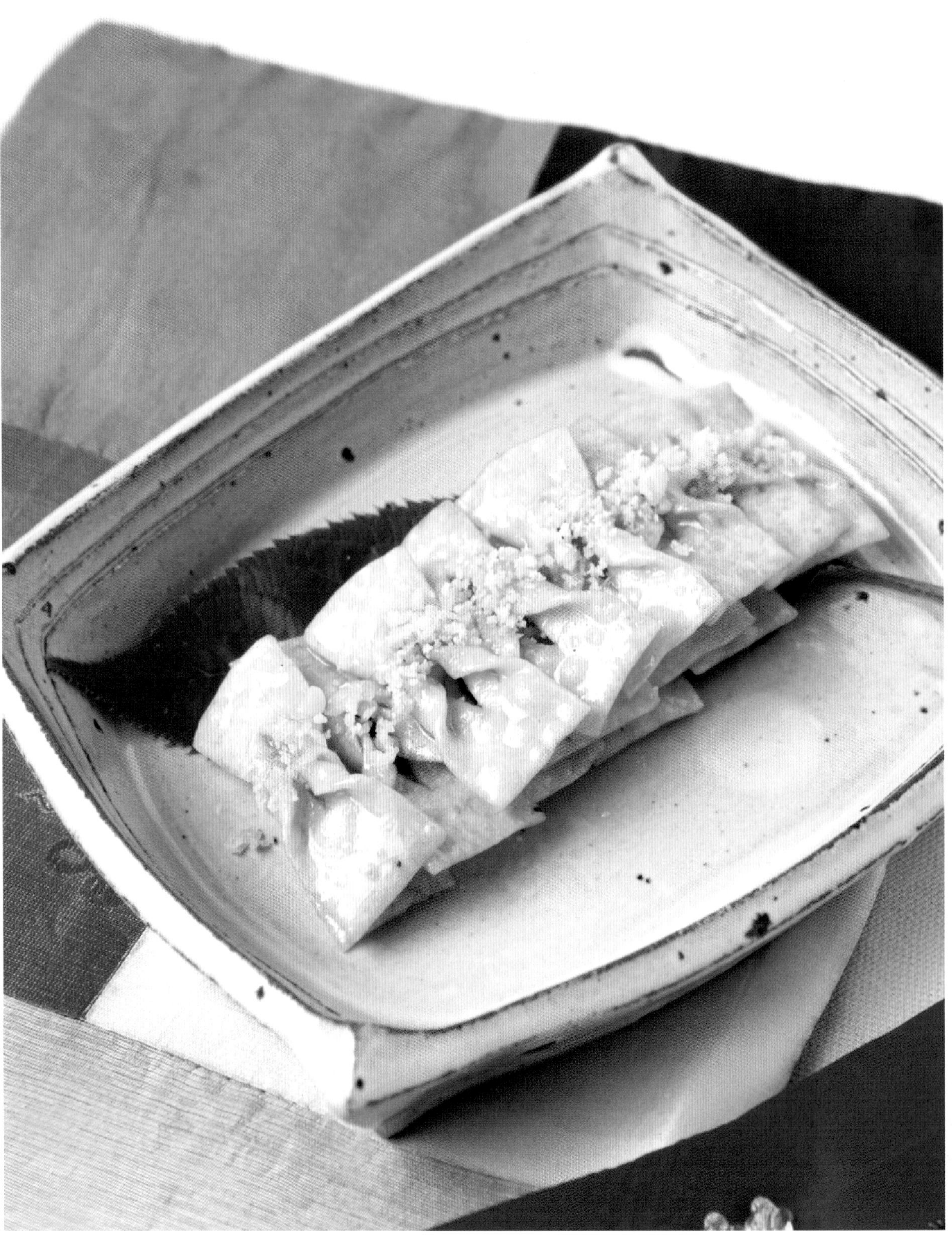

매작과

매작과는 '마치 매화나무에 참새가 앉은 모습과 같다' 하여 붙여진 이름으로 소금, 생강즙을 넣고 반죽하여 얇게 밀어 모양을 내 시럽에 담가 잣가루를 뿌려먹는 한과이다.

재료

밀가루 1컵, 소금 $\frac{1}{8}$작은술

부재료

다진생강 $\frac{1}{2}$작은술
집청: 설탕 $\frac{1}{4}$컵, 물 $\frac{1}{4}$컵, 꿀 $\frac{1}{4}$컵
잣 2큰술
식용유 2컵

만들기

1. 밑준비
- 생강은 깨끗이 씻어 다진 후 생강즙을 만든다.
- 설탕, 물, 꿀을 냄비에 넣어 설탕이 보이지 않을 때까지 젓지 말고 약불에서 녹인다.
- 한지를 깔고 잣을 보슬보슬하게 다진다.

2. 체 내리기
밀가루에 소금을 넣고 체에 내린다.

3. 반죽하기
2에 생강즙을 넣어 말랑말랑하게 반죽한 후 비닐봉지에 담아 숙성한다.

4. 모양내기
반죽한 것을 도마 위에 놓고 두께 · 길이 · 폭 0.3×5×1.5cm로 썰어 칼집을 세 번 넣어 뒤집는다.

5. 튀기기
100~150℃ 기름에서 튀겨 집청 후 잣가루를 뿌린다.

Tip
· 밀가루 반죽은 최대한 얇게 밀어 튀겨야 모양도 좋고 바삭하게 튀겨진다.
· 수삼을 강판에 갈아 밀가루에 섞고 치자물을 넣어 말랑하게 반죽하는 수삼매작과도 있다.

모양매작과

나뭇잎 몰드(모양 틀), 인삼 몰드(모양 틀)를 이용해 만들어도 예쁘다.

재료

밀가루 2컵, 전분 2큰술, 소금 $\frac{1}{2}$작은술, 청주 2큰술

부재료

가루: 클로렐라가루, 치자가루, 딸기가루, 계핏가루

집청: 설탕 $\frac{1}{4}$컵, 물 $\frac{1}{4}$컵, 꿀 $\frac{1}{4}$컵

만들기

1. **체 내리기**
   밀가루, 전분, 소금을 넣어 고운체에 내린다.
2. **반죽하기**
   1에 기능성 재료를 넣어 청주, 물을 넣고 반죽한다.
3. **모양내기**
   몰드(모양 틀)를 이용해 찍어낸다.
4. **튀기기**
   100~150℃ 기름에서 튀겨 집청한다.

Tip

· 청주를 넣고 반죽하면 튀겼을 때 바삭거린다.
· 시금치는 잎만 사용하고, 쑥은 튀기면 검은색이 되고, 당근은 튀기면 노란색이 된다.
· 분홍: 딸기가루(+ 물) = 용해
· 노랑: 치자가루(+ 물) = 용해
· 초록: 파래가루

채소과

채수과라고도 하며 색색으로 반죽하여 타래실처럼 감아서 허리를 묶어 튀긴 것으로 모양도 아름답고 맛이 좋은 한과이기 때문에 오늘날에는 아이들 간식 또는 차와 함께 올리기에 좋은 과자이다.

재료

밀가루 1컵, 전분 1큰술, 소금 $\frac{1}{4}$작은술, 청주 1큰술

부재료

클로렐라가루, 천년초가루
집청: 설탕 $\frac{1}{4}$컵, 물 $\frac{1}{4}$컵, 꿀 $\frac{1}{4}$컵
식용유 2컵

만들기

1. **밑준비**
   설탕, 물, 꿀을 냄비에 넣어 설탕이 보이지 않을 때까지 젓지 말고 약불에서 녹인다.
2. **체 내리기**
   밀가루, 전분, 소금을 고운체로 내린다.
3. **반죽하기**
   준비된 가루를 3등분하여 클로렐라가루, 천년초가루로 물을 들인 다음 물과 청주로 반죽한다.
4. **모양내기**
   3색의 반죽을 0.5cm 두께로 길게 모양을 내 흰색과 클로렐라(천년초) 반죽으로 꽈배기 모양을 만든다.
5. **튀기기**
   100~150℃ 기름에 튀긴다.
6. **집청하기**
   튀긴 채소과를 집청한다.

Tip

· 설탕시럽을 끓이는 도중에 저으면 응어리가 지므로 젓지 않는다.
· 여러 가지 기능성 재료를 이용해 다양한 채소과를 만들어 본다.

약과

밀가루에 참기름, 꿀, 술을 넣고 반죽하여 약과 판에 박아 지진 다음, 집청꿀에 담갔다가 잣가루를 뿌린 한과이다. 약과는 특히 고려시대에 명성을 떨쳤으며 주로 다과상이나 과반상에 쓰인다. 크기에 따라 대약과, 중약과, 소약과가 있고 다식판에 찍어내는 다식과도 있다.

재료

밀가루 400g, 소금 5g, 식용유 $3\frac{1}{2}$큰술, 참기름 $3\frac{1}{2}$큰술, 설탕시럽 100ml, 소주 100ml, 흰물엿 10ml, 후추 $\frac{1}{8}$작은술

부재료

집청: 조청 2kg, 물 400ml, 생강편 60g
시럽: 물 $\frac{1}{2}$컵 + 설탕 $\frac{1}{2}$컵
식용유 2컵

만들기

1. 밑준비

- 설탕시럽: 설탕과 물을 중불에서 젓지 말고 100ml가 될 때까지 끓여 흰물엿을 넣고 식힌다.
- 집청: 조청과 물, 생강편을 함께 넣고 팔팔 끓으면 불을 줄이고 조린다.

2. 반죽

밀가루에 소금과 후추를 넣고 체에 한 번 내린 후 식용유와 참기름 섞은 것을 조금씩 부어 손으로 비벼 섞어 체에 한 번 더 내린다. 식혀 놓은 시럽에 소주를 섞어 체에 내린 밀가루에 부어 흰가루를 슬슬 반죽한다. 반죽이 뭉쳐지면 지긋이 눌러 편 후에 반으로 잘라 보이지 않을 때까지 두 개 겹치기를 3번 반복 후 반죽 위에 비닐을 덮고 밀대로 밀어 반죽 두께를 일정하게 만든 후 모양 틀로 찍거나 잘라 중간에 칼집을 넣는다.

3. 튀기기

- 기름온도 110℃ 정도에 약과를 넣고 튀기기 시작하다 켜가 잘 살도록 뒤집어준다.
- 약과색이 노릇하게 나면서 약간 단단해지면 불을 키워 기름온도를 약간 높여 황갈색으로 튀긴 후 꺼내 기름을 뺀다.

4. 집청

튀긴 후 기름을 쫙 뺀 약과를 집청에 약 3~4시간 정도 담근 후 체에 받쳐 30분쯤 집청을 빼준다.

Tip

· 반죽을 할 때 오래 주무르거나 치대면 글루텐이 생겨 딱딱해지고 튀겼을 때 속이 잘 익지 않는다.
· 약과를 튀길 때는 온도가 너무 높으면 겉만 타고 너무 약하면 약과가 다 풀어져 맛과 모양이 나빠지므로 온도에 주의한다.

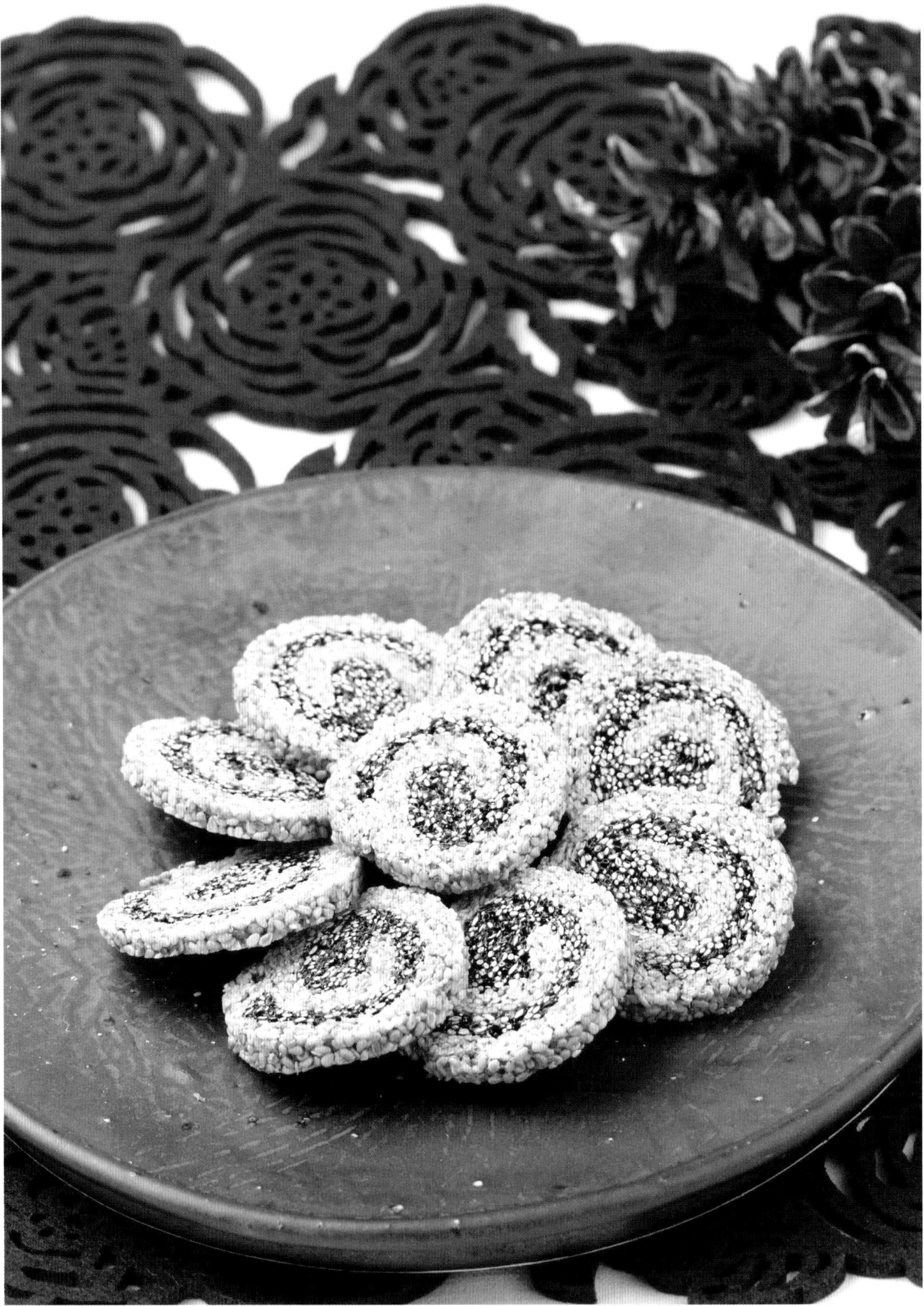

깨엿강정

볶은 깨를 시럽에 버무려 밀대로 밀어 굳혀 만든 한과이다. 깨, 잣, 땅콩 등을 엿에 버무려 굳힌 음식으로 추운 계절에 만드는 과자이다. 또 같은 방법으로 쌀이나 찹쌀을 튀긴 다음 버무려서 만드는 쌀강정도 있다. 근래에는 엿 대신 물엿과 설탕을 이용한다.

재료

볶은 흰깨 1컵, 볶은 검은깨 1컵

부재료

시럽: 설탕 1컵, 물엿 $\frac{1}{2}$컵, 물 4큰술, 소금 약간

만들기

1. **밑준비**
   흰깨와 검은깨를 깨끗이 씻어 조리로 일어 볶아낸다.
2. **시럽 만들기**
   냄비에 물엿, 설탕, 물, 소금을 넣고 끓여 굳지 않도록 중탕하면서 이용한다.
3. **버무리기**
   팬에 각각의 깨를 담아 따뜻하게 볶아 시럽을 3~4큰술 넣어 약불에서 실이 많이 보이게 한 덩어리가 될 때까지 버무린다(볶은 깨 1컵에 시럽 3~4큰술의 비율로 버무린다).
4. **모양내기**
   깨엿강정 틀에 식용유 바른 비닐을 깔고 버무린 깨가 식기 전에 쏟아 밀대로 얇게 펴 흰깨와 검은깨를 겹쳐서 돌돌말아 0.3cm 두께로 썬다.

Tip

· 시럽을 만들 때 설탕의 양은 날씨가 더울 때 설탕량을 늘리고, 추울 때 설탕량을 줄인다.
· 딱딱하게 굳기 전에 모양을 내야 한다.
· 대추, 잣, 호박씨를 이용해 고명을 올린다.

손가락강정

쌀가루를 술과 콩물로 반죽하여 쪄서 꽈리가 일도록 치대어 밀고 말려서 기름에 지져 부풀게 한 다음, 꿀을 바르고 고물을 입힌 것이다.

재료

찹쌀 5컵, 소금 1작은술, 소주 5큰술, 설탕 3큰술

부재료

콩물(흰콩 1$\frac{1}{2}$큰술, 물 $\frac{1}{3}$컵) – 녹말가루 약간
고물 : 참깨, 흑임자가루, 송화가루, 파래가루 각각 $\frac{1}{2}$컵씩
집청꿀 : 설탕시럽 $\frac{1}{2}$컵, 물엿 $\frac{1}{2}$컵, 꿀 5큰

만들기

1. **밑준비**
   찹쌀을 씻어 1~2주일 정도 담갔다가 골마지가 끼면 여러 번 깨끗이 씻어 헹구어 빻아 체에 내린다.

2. **반죽하기**
   쌀가루, 소주, 소금, 설탕, 콩물을 넣고 덩어리로 뭉쳐지도록 주걱으로 반죽한다.

3. **찌기**
   찜통에 푹 쪄내 꽈리가 일도록 치댄다.

4. **성형하기**
   도마에 녹말가루를 뿌리고 두께 0.5×4×0.5cm 정도로 썬다.

5. **말리기**
   채반 위에 한지를 깔고 갈라지지 않게 말린다.

6. **튀기기**
   미지근한 튀김기름에 5~10분 정도 담근다. 150℃의 온도에 불린 강정 바탕을 넣고 반 정도 부풀어 오르면 뒤집어서 네 귀퉁이를 눌러 모양을 반듯하게 한다.

7. **고물 묻히기**
   튀긴 강정에 집청을 바르고 고물을 묻혀 낸다.

Tip

· 투명하도록 충분히 찐 후 가는 실이 보일 때까지 치댄다.
· 성형 모양에 따라 산자, 강정, 빙사과 등으로 만들 수 있고 고물을 다양하게 이용할 수 있다.

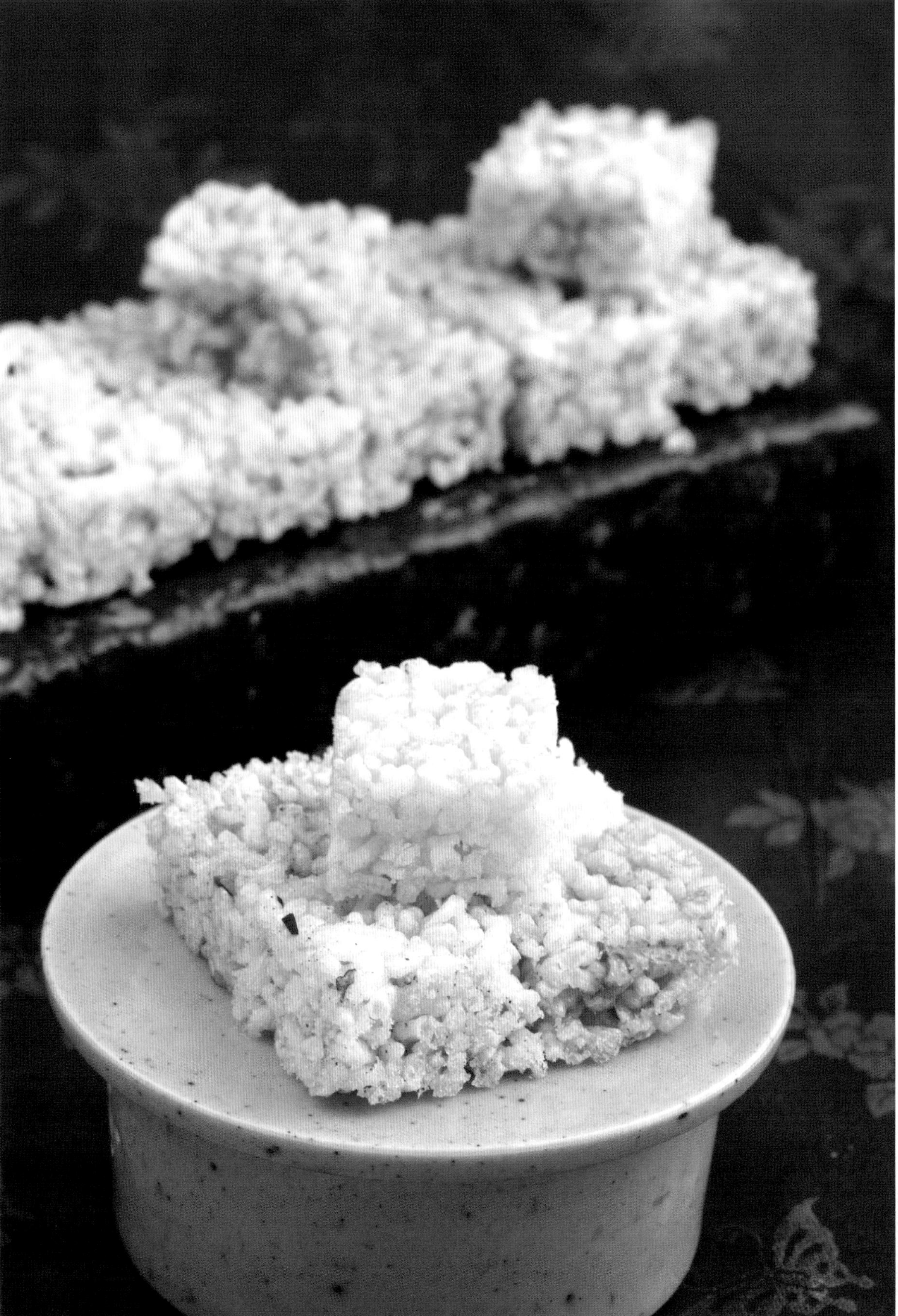

오색쌀엿강정

쌀을 삶아 말린 후 기름에 튀겨 오색으로 색스럽게 고명을 함께 섞어 시럽에 버무려 반대기를 지어 굳혀 썬 한과이다.

재료

멥쌀 5컵, 식용유 5컵, 시럽: 맥아물엿 4½컵, 설탕 1½컵, 물 ½컵

부재료

흰　색: 튀긴 쌀 5컵, 시럽 ½컵
초록색: 튀긴 쌀 4½컵, 호박씨(다진 것) ½컵, 파래가루 1작은술, 시럽 ½컵
노란색: 튀긴 쌀 5컵, 유자청(다진 것) 2큰술, 치자물 1작은술, 시럽 ½컵
분홍색: 튀긴 쌀 5컵, 백년초가루 ½작은술, 대추(다진 것) 1큰술, 시럽 ½컵
갈　색: 튀긴 쌀 5컵, 계핏가루 1작은술, 대추 다진 것 1작은술, 시럽 ½컵

만들기

1. 밑준비
- 불린 멥쌀에 물 12컵을 붓고 중불에서 쌀알이 퍼지기 직전까지 끓인 후 3~4번 찬물에 헹구고 약간의 소금 간을 해서 건져 물기를 없앤 후 채반에 넣어서 실내에서 2일 정도 바짝 말린다.
- 시럽은 분량의 물엿과 설탕, 물을 넣고 약불에서 끓이다가 나무주걱으로 흘려보아 고드름이 맺힐 때까지 젓지 말고 끓인다.
- 호박씨, 유자청, 대추는 다진다.

2. 튀기기
말린 쌀을 200℃의 고온의 기름에서 망에 담아 넣어 5~10초간 튀긴다.

3. 섞기
색깔별로 둥근 팬을 달구어 시럽을 넣고, 끓으면 튀긴 쌀과 부재료를 넣고 고루 섞어 버무린다.

4. 모양내기
도마 위에 강정틀을 놓고 비닐에 식용유를 바른 다음, 그 위에 강정반죽을 쏟아 편편하게 밀어 식으면 먹기 좋은 크기로 자른다.

Tip
· 쌀을 고온의 기름에 튀겨 낸 후 종이를 자주 바꾸어 주면서 기름을 빼야 한다.
· 멥쌀 5컵을 말리면 말린 밥알 약 4컵 정도가 나온다.

잣박산

실백에 설탕시럽을 부어 굳힌 다음 한 입 크기로 써는 과자이다.

재료

잣 1컵

부재료

시럽 : 설탕 $\frac{1}{3}$컵, 물엿 $\frac{1}{3}$컵, 꿀 1큰술, 소금 $\frac{1}{3}$작은술

만들기

1. **밑준비**
   잣은 고깔을 떼고 젖은 행주에 먼지를 닦는다.
2. **시럽준비**
   분량의 재료를 약불에서 은근히 녹인다.
3. **버무리기**
   냄비에 잣과 시럽을 넣고 골고루 버무린다.
4. **모양내기**
   강정틀에 놓고 비닐에 식용유를 바른 다음, 그 위에 잣반죽을 쏟아 편편하게 밀어 식으면 설탕을 뿌리고 먹기 좋은 크기로 썬다.

Tip

· 두께를 1cm 이하로 만드는 것이 좋다.
· 시럽을 만들 때는 덩어리지지 않도록 휘젓지 않는다.

연근전과

연근에는 철분과 비타민 B_{12}, 탄닌성분이 풍부하게 함유되어 있는데, 철분과 탄닌성분은 소염작용이 뛰어나 점막조직의 염증을 가라앉혀 주므로 위궤양, 십이지장궤양에 좋다.

재료

연근 200g, 식초 1작은술

부재료

설탕물 : 설탕 $\frac{1}{2}$컵, 물 $\frac{1}{2}$컵
소금 $\frac{1}{2}$작은술, 꿀(조청) $\frac{1}{4}$컵

만들기

1. 밑준비

- 연근은 가늘고 긴 것을 골라 씻은 다음, 껍질을 벗기고 0.3cm 두께로 썬다.
- 설탕 $\frac{1}{2}$컵에 물 $\frac{1}{2}$컵을 부어 끓여서 설탕물을 준비한다.

2. 연근준비

끓는 물에 식초를 넣고 연근을 삶다가 거의 익으면 물을 버린다.

3. 졸이기

삶은 연근을 냄비에 담아 끓인 설탕물과 소금을 약간 넣고 약불에 졸이다가 조청을 넣고 윤이 나도록 더 졸여준다. 연한 갈색이 되면 다 된 것이므로 불에서 내린다.

Tip

· 연근 모양에 맞게 도려내어도 예쁘다.
· 껍질 벗긴 연근을 식초에 담가 색깔이 변하지 않게 한다.
· 진정과 – 조려진 것
· 건정과 – 조려서 다시 설탕에 묻힌 것
· 당침 – 꿀이나 설탕에 재우는 것

도라지정과

숙실과에 속하는 정과는 생과일이나 식물의 뿌리 또는 열매에 꿀을 넣고 조린 것으로 전과(煎果)라고도 한다.

재료

통도라지(다듬어서) 100g, 소금 1작은술

부재료

설탕 50g, 소금 $\frac{1}{8}$작은술, 물엿 1큰술, 꿀 1큰술

도라지전과 만들기

1. **밑준비**
   도라지는 손질하여 4cm 길이로 잘라 굵은 것은 4등분하고 가는 것은 2등분하여 소금으로 주물러 씻어 쓴맛을 빼고 끓는 소금물에 넣어 무르지 않게 데쳐 찬물에 헹군다.
2. **조리기**
   냄비에 도라지와 설탕, 소금을 넣고 도라지가 잠길 정도의 물을 부어 끓이다가 끓기 시작하면 물엿을 넣고 약불에서 뚜껑을 덮고 투명한 색이 나도록 서서히 졸여 물기가 거의 없어지면 꿀을 넣는다.
3. **밭치기**
   채반에 밭쳐 여분의 단물을 제거한다.

Tip

· 은근한 불에서 조려야 설탕이 타지 않으므로 색이 투명하고 쫄깃쫄깃한 맛을 느낄 수 있다.
· 꺼내어 채반에 건져 놓은 후 다시 설탕에 한 번 굴려도 예쁘다.

사과정과

'사과 한 개면 의사가 필요 없다' 라는 영어속담처럼, 그만큼 사과는 비타민과 미네랄이 풍부해서 건강을 유지하는 데 좋은 과일로, 특히 칼슘은 110mg이나 들어 있으며 체내의 염분을 체외로 배출시키는 작용을 한다.

재료

홍옥 1개

부재료

물 2컵, 소금 1작은술, 설탕 2컵

만들기

1. 밑준비

홍옥은 깨끗이 씻어 껍질째 반으로 자른 후 씨를 도려내고 1~2mm 두께로 얇게 썰어 설탕을 뿌려 수분을 뺀다.

2. 말리기

설탕이 녹으면 설탕물을 따라내고 다시 설탕을 뿌려 꾸덕해질 때까지 말린다.

Tip

· 사과가 많이 나는 계절에 정과로 많이 만들어 두면 두고두고 먹을 수 있는 간식이 된다.
· 사과는 반드시 홍옥을 이용하여야 색이 예쁘다.
· 딸기, 키위, 감, 배 정과 등도 같은 방법으로 만든다.

박오가리전과

호박을 얇게 썰거나 길게 오려서 말린 것을 말한다.

재료

박고지 100g

부재료

물엿 50g, 설탕 100g, 물, 색(딸기가루 · 치자 · 식용녹색 색소)

만들기

1. **밑준비**
   박고지는 미지근한 물에 부들부들해질 때까지 충분히 불려 삶아낸다.
2. **삶기**
   삶은 박고지는 설탕, 물, 물엿, 각각에 색을 넣어 투명해지면서 윤기가 날 때까지 약불에서 조린다.
3. **모양내기**
   조린 박고지는 잘라 매듭모양, 꽃모양, 나뭇잎모양 등 여러 가지 모양을 만든 후 체에 밭쳐 식힌다.
4. **모양내기**
   장미 꽃모양을 만든다.

Tip

· 조려지면 색이 진해지므로 색소를 넣는 양에 주의한다.
· 박오가리 중국산은 하얗게 표백되어 있으므로 구매할 때 주의한다.
· 덜 데쳐 내거나 덜 불리면 조렸을 때 색이 고루 들지 않는다.
· 설탕만 넣으면 딱딱하고 물엿만 넣으면 지나치게 끈적거린다. 꿀은 향을 내기 위함이다.

밤초 · 대추초

초(炒)란 과수의 열매를 통째로 익혀서 모양대로 조린 음식으로 밤, 대추를 꿀에 조려 만든 것으로 숙실과에 속한다.

재료

밤 10개, 대추 10개

부재료

밤초: 소금 $\frac{1}{2}$작은술, 설탕 2큰술, 물 $\frac{1}{2}$컵, 물엿 1큰술, 꿀 1큰술, 계핏가루 약간

대추초: 잣 1큰술, 설탕 2큰술, 물 $\frac{1}{2}$컵, 물엿 1큰술, 꿀 $\frac{1}{2}$큰술, 계핏가루 약간, 잣 1작은술

만들기

1. 밑준비

- 밤은 속껍질을 벗겨서 깨끗이 씻어 끓는 물에 데쳐낸다.
- 대추는 젖은 수건으로 깨끗이 닦은 후, 돌려깍기하여 씨를 빼내고 안쪽에 잣을 넣어 꼭꼭 눌러가며 돌돌 말아 오므린다.

2. 조리기

- 냄비에 물, 설탕을 섞어 끓이다가 데친 밤을 넣어 약불에 끓이다가 물엿과 꿀을 넣고 조린다.
- 냄비에 물, 설탕을 섞어 끓이다가 대추를 넣어 약불에서 끓이다가 물엿과 꿀을 넣고 조린다.

3. 모양내기

다 조려진 밤초, 대추초에 계핏가루를 넣어 버무린 후 그릇에 담아 잣가루를 뿌려 낸다.

Tip

· 밤초의 색을 노랗게 하기 위해 치자물을 넣기도 한다.
· 대추의 양 끝에 잣을 꽂아 조려내기도 한다.
· 너무 많이 조리면 식은 후 딱딱해질 수 있다.

율란 · 조란 · 강란

란(卵)은 실과를 삶거나 쪄서 으깬 것을 꿀이나 설탕을 넣고 조려 다시 제 모양으로 빚어 만든 것이다. 밤으로 만든 율란, 대추로 만든 조란, 생강으로 만든 강란이 있다.

재료

밤 12개, 대추 30개, 생강 300g

부재료

율란: 꿀 $1\frac{1}{2}$큰술, 설탕 $\frac{1}{2}$큰술, 계핏가루 1작은술, 잣가루 1큰술
조란: 꿀 1큰술, 잣 1큰술
강란: 물 1컵, 설탕 4큰술, 물엿 3큰술 , 꿀 2큰술, 잣가루 2큰술

만들기

1. 밑준비

- 밤, 대추는 찜통에 올려 15분 정도 찐다.
- 생강은 껍질을 벗기고 깨끗이 씻어 결을 꺽어 얇게 썰어 믹서기에 물을 붓고 곱게 갈아 체에 밭쳐 생강물은 그대로 두어 생강전분을 가라앉히고, 건지는 찬물에 헹구어 면보에 짜기를 2~3번 반복한다.

2. 조리기

- 밤은 으깨서 체에 내린 후 꿀, 설탕, 계핏가루를 약간씩 넣고 반죽한다.
- 찐 대추는 씨를 발라내고 곱게 다져서 꿀을 넣고 약불에서 조린다.
- 생강건지에 물과 설탕, 물엿을 넣고 중불에서 끓이다가 되직해지면 꿀과 생강녹말을 넣고 약불에서 조린다.

3. 모양내기

- 밤은 밤모양을 만들어 둥근부분에 계핏가루나 잣가루를 묻힌다. 조린 대추도 대추모양을 만들어 양쪽에 잣을 박는다.
- 생강 조린 것도 식은 후 삼각뿔 모양을 만들어 잣가루를 고루 묻힌다.

Tip

· 잣가루는 기름을 완전히 뺀 후 곱게 다져서 이용한다.
· 조란은 대추를 돌려깍은 후 곱게 다져 꿀과 물을 넣어 조려서 만들기도 한다.

호박란, 유자란

호박과 유자의 고유 향과 색이 고스란히 담겨져 있어 풍부한 맛을 느낄 수 있다.

재료

단호박 $\frac{1}{3}$통, 유자청건지 400g

부재료

호박란 : 설탕 200g, 꿀 1큰술

유자란 : 설탕 100g, 꿀 1큰술

호박란 만들기

1. 밑준비

단호박은 찜통에 쪄 체에 한 번 내린다.

2. 조리기

체에 내린 단호박에 설탕을 넣고 약불에서 졸이다가 꿀을 넣어 한 덩어리로 뭉쳐질 때까지 졸인다.

3. 모양내기

졸인 호박 반죽을 호박모양으로 만들고 호박껍질을 이용하여 꼭지를 만들어 장식한다.

유자란 만들기

1. 밑준비

유자청건지는 곱게 다진 다음 면보에 꼭 짜 준비한다.

2. 조리기

유자청건지에 설탕을 넣고 약불에서 졸이다가 꿀을 넣어 바짝 졸인다.

3. 모양내기

유자반죽을 조금씩 떼어 동그랗게 유자모양으로 빚는다.

Tip

· 설탕으로 졸이기 때문에 쉽게 탈 수 있고 색이 금방 변할 수 있으니 색에 주의해야 한다.

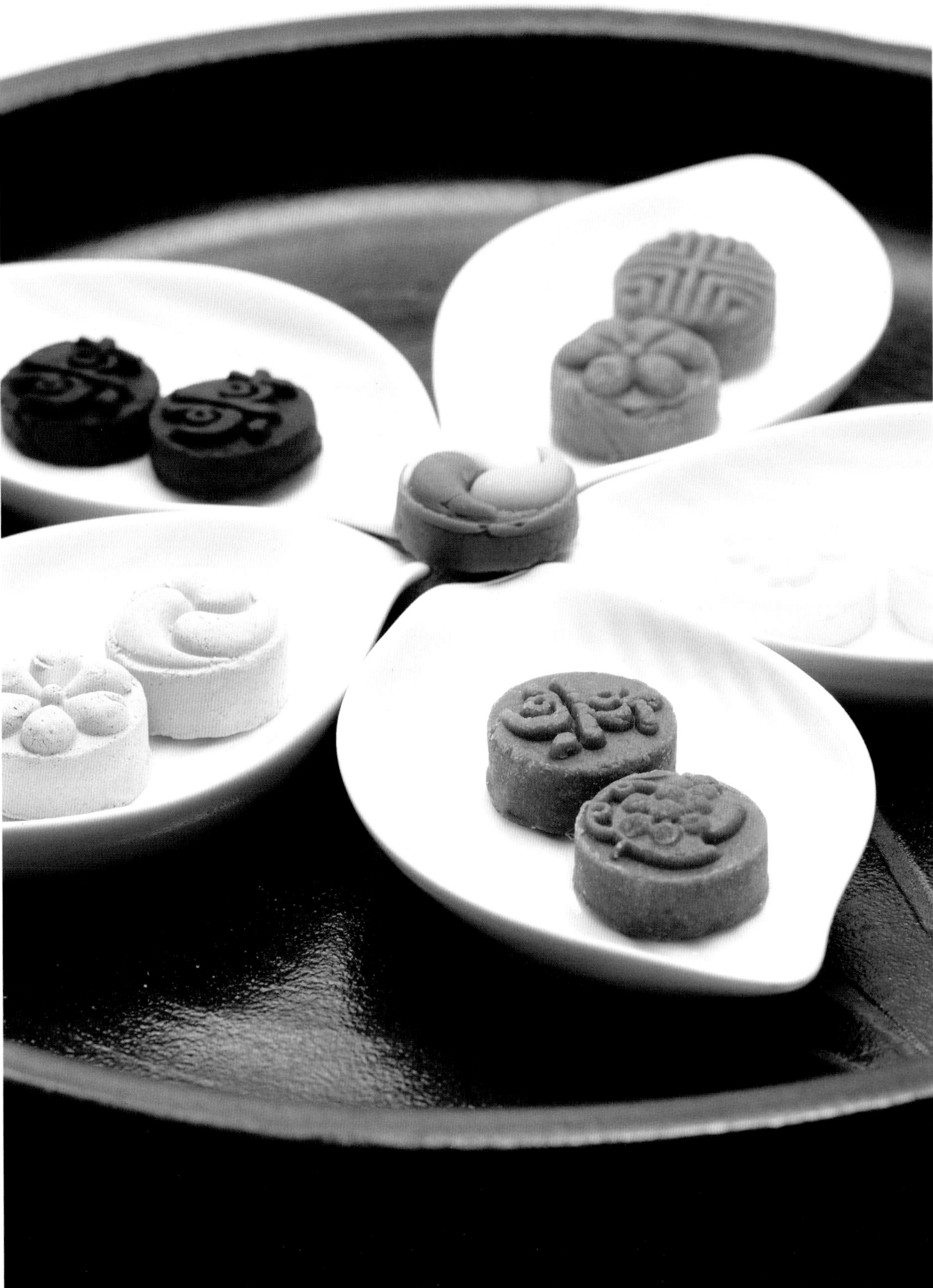

오색다식

곡물가루, 견과류가루, 한약재, 육포 등을 꿀로 반죽해 다식판에 찍어내면 색, 맛, 모양이 모두 예쁜 다식이 된다. 녹차와 곁들이면 더욱 좋다.

재료

노란콩가루 $\frac{1}{2}$컵, 푸른콩가루 $\frac{1}{2}$컵, 흑임자가루 $\frac{1}{2}$컵, 청포묵가루 $\frac{1}{2}$컵, 송화가루 $\frac{1}{2}$컵

부재료

시럽 : 설탕 3컵, 물 3컵, 꿀 3큰술
참기름 $\frac{1}{3}$컵

만들기

1. **밑준비**
   솔에 참기름을 고루 묻혀 다식판을 손질한다.
2. **시럽 만들기**
   분량의 재료를 넣어 설탕이 보이지 않을 때까지 젓지 말고 약불에서 끓인 다음 꿀을 넣고 거품을 걷어낸다.
3. **반죽하기**
   각각의 가루에 시럽을 넣어 반죽을 매끄럽게 한다.
4. **찍기**
   손질해 둔 다식판에 참기름을 발라가며 반죽한 것을 밤알만큼 떼어 꼭꼭 눌러준다.

Tip

· 넣는 재료에 따라 오미자다식, 콩다식, 용안육다식, 마다식 등으로 그 종류가 광범위하다.
· 다식판의 모양이나 크기에 따라 종류도 다양하게 꿀반죽만 하기도 한다.

오미자과편

신맛, 단맛, 쓴맛, 매운맛, 짠맛 등 다섯 가지 맛이 나는 오미자를 찬물에 우려 녹말을 넣고 졸여서 묵과 같이 굳혀서 만든 한과류이다.

재료

오미자 ½컵, 물 4컵

부재료

설탕 ½컵, 청포녹말 ½컵, 물 ½컵

만들기

1. 밑준비
   오미자는 깨끗이 씻어 찬물 2컵을 부어 하룻밤을 우려서 체에 걸러 진한 오미자물을 준비한 후 생수 2컵을 섞어 오미자물을 만든다.

2. 조리기
   오미자물 2½컵에 설탕을 넣고 끓이다가 청포녹말물을 넣고 걸쭉해지도록 저어주며 끓인다.

3. 굳히기
   모양 틀에 쏟아 부어 평평하게 한 뒤, 냉장고에 식혀서 굳힌 다음 빼낸다.

Tip

· 굳히는 틀에 물을 발라야 굳어진 후 떼어 내기가 쉽다.
· 오미자물은 기호에 맞게 물로 희석해서 사용한다.
· 옛날에는 모과나 살구 등의 과일을 삶아 으깨어 꿀을 넣고 조려 만들기도 하였다.
· 전통적인 과편인 오미자과편은 생률을 얇게 썰어 함께 먹으면 좋다.
· 청포녹말은 물에 넣어 불려 청포녹말물을 만들어 이용한다.

포도과편

과편은 과일 중 대개 신맛이 나는 과일로 만든 과즙에, 녹말이나 꿀을 넣고 불에 얹어 조린 음식으로 묵과 같이 굳혀 만든다.

재료

포도 2송이, 물 4컵

부재료

설탕 $\frac{1}{2}$컵, 청포녹말 $\frac{1}{2}$컵, 물 $\frac{1}{2}$컵

만들기

1. **밑준비**
   - 포도는 알알이 떼어 깨끗이 씻은 후 손으로 주물러 물을 넣어 끓인다.
   - 끓인 포도를 체에 내려 포도즙이 3컵 정도 나오게 한다.
2. **조리기**
   끓인 포도즙에 설탕을 넣고 끓이다가 청포녹말물을 넣고 걸쭉해지도록 저어준다.
3. **굳히기**
   네모진 그릇에 쏟아붓고 평평하게 한 후 냉장고에 식혀 굳힌다.
4. **썰기**
   1cm 정도로 네모지게 썰거나 몰드(모양 틀)로 찍어 완성한다.

Tip

· 양갱, 과편은 냉장고에 넣지 말고 실온 보관하는 것이 좋다.

알로에과편

알로에는 과로로 인한 피로회복과 과음으로 인한 숙취해소 등에 효과가 있고, 알로에의 잎을 잘라두면 유난히 쓴 황색물질이 흘러나오는데, 이것은 특히 변비에 효과가 있다.

재료

알로에 1줄기, 물 4컵

부재료

설탕 $\frac{1}{2}$컵, 청포녹말 $\frac{1}{2}$컵, 물 $\frac{1}{2}$컵

만들기

1. **밑준비**
   알로에는 껍질을 벗겨 물을 넣고 믹서기에 갈아 체에 걸러 알로에즙을 만든다.
2. **조리기**
   끓인 알로에즙에 설탕을 넣고 끓이다가 청포녹말물을 넣고 걸쭉해지도록 저어준다.
3. **굳히기**
   네모진 그릇에 쏟아붓고 평평하게 한 후 냉장고에 식혀 굳힌다.
4. **썰기**
   1cm 정도로 네모지게 썰거나 몰드(모양 틀)로 찍어 완성한다.

Tip

· 냉장고에 두었다가 차게 먹으면 맛이 더욱 좋다.

오렌지과편

오렌지는 섬유질과 비타민 A가 풍부해서 감기예방과 피로회복, 피부미용 등에 좋다. 지방과 콜레스테롤이 전혀 없어 성인병 예방에도 도움이 된다.

재료

오렌지 2개, 물 4컵

부재료

설탕 $\frac{1}{2}$컵, 청포녹말 $\frac{1}{2}$컵, 물 $\frac{1}{2}$컵

만들기

1. **밑준비**
   오렌지는 껍질을 벗겨 물을 넣고 끓여 오렌지즙 4컵 정도 만든다.
2. **조리기**
   끓인 오렌지즙에 설탕을 넣고 끓이다가 청포녹말물을 넣고 걸쭉해지도록 저어준다.
3. **굳히기**
   네모진 그릇에 쏟아붓고 평평하게 한 후 냉장고에 식혀 굳힌다.
4. **썰기**
   1cm 정도로 네모지게 썰거나 몰드(모양 틀)로 찍어 완성한다.

Tip

· 신맛이 나는 과일은 무엇이든 사용해도 좋다(귤, 망고, 자몽, 석류 등).
· 과일주스를 이용해 만들면 편리하다.

복분자과편

복분자과즙에 설탕과 녹두녹말을 넣어 묵처럼 쑤어 엉기게 하여 틀에 넣어 굳혀 만든 한과이다.

재료

복분자과즙 1컵, 물 $1\frac{1}{2}$컵

부재료

설탕 $\frac{1}{2}$컵, 청포녹말 $\frac{1}{2}$컵, 물 $\frac{1}{2}$컵

만들기

1. **밑준비**
   복분자즙에 물을 넣어 복분자물을 준비한다.
2. **조리기**
   복분자물에 설탕을 넣고 끓이다가 청포녹말물을 넣고 걸쭉해지도록 저으면서 끓인다.
3. **굳히기**
   모양 틀에 쏟아붓고 평평하게 한 뒤 냉장고에 식혀서 굳힌 다음 빼낸다.

Tip

· 복분자는 열매를 냉동실에 넣어 보관하여 과즙을 만들어 사용할 수도 있다.
· 과즙과 청포녹말가루의 비율은 1:6 또는 1:7로 한다.
· 딸기, 앵두, 포도 등의 과즙으로 만들 수도 있다.

엿

쌀로 고두밥을 지어 엿기름을 넣어 삭혀 식혜를 만들어 조려내어 만든 엿이다.

재료
멥쌀 1kg, 엿기름 250g, 물 40컵

부재료
노란콩가루 $\frac{1}{2}$컵

만들기

1. 밑준비
- 멥쌀은 깨끗이 씻어 물에 불린 후 김 오른 찜통에 넣어 고두밥을 쪄낸다.
- 엿기름을 물에 넣어 불려서 주물러 체에 밭쳐 엿기름물을 만든다.

2. 당화하기
- 고두밥에 엿기름물을 넣어 보온밥솥에 넣어 5~6시간 정도 당화시킨다.
- 당화가 끝난 후 고운체에 내려 엿물을 만들고 삭힌 밥알은 베보자기에 담아 물을 붓고 주물러 꼭 짜서 엿물을 만든다.

3. 조리기
엿물을 냄비에 담아 중불에서 서서히 조린 후 걸죽해지면 약불에서 조금 더 졸인다.

4. 모양내기
조려낸 엿을 따뜻할 때 모양을 잡아 노란콩가루에 굴려서 담아낸다.

Tip
· 엿물을 졸일 때 들깨나 땅콩을 넣어서 만들기도 한다.
· 옥수수나 고구마, 호박, 생강, 무 등을 당화시키거나 함께 조려 만든 엿도 있다.

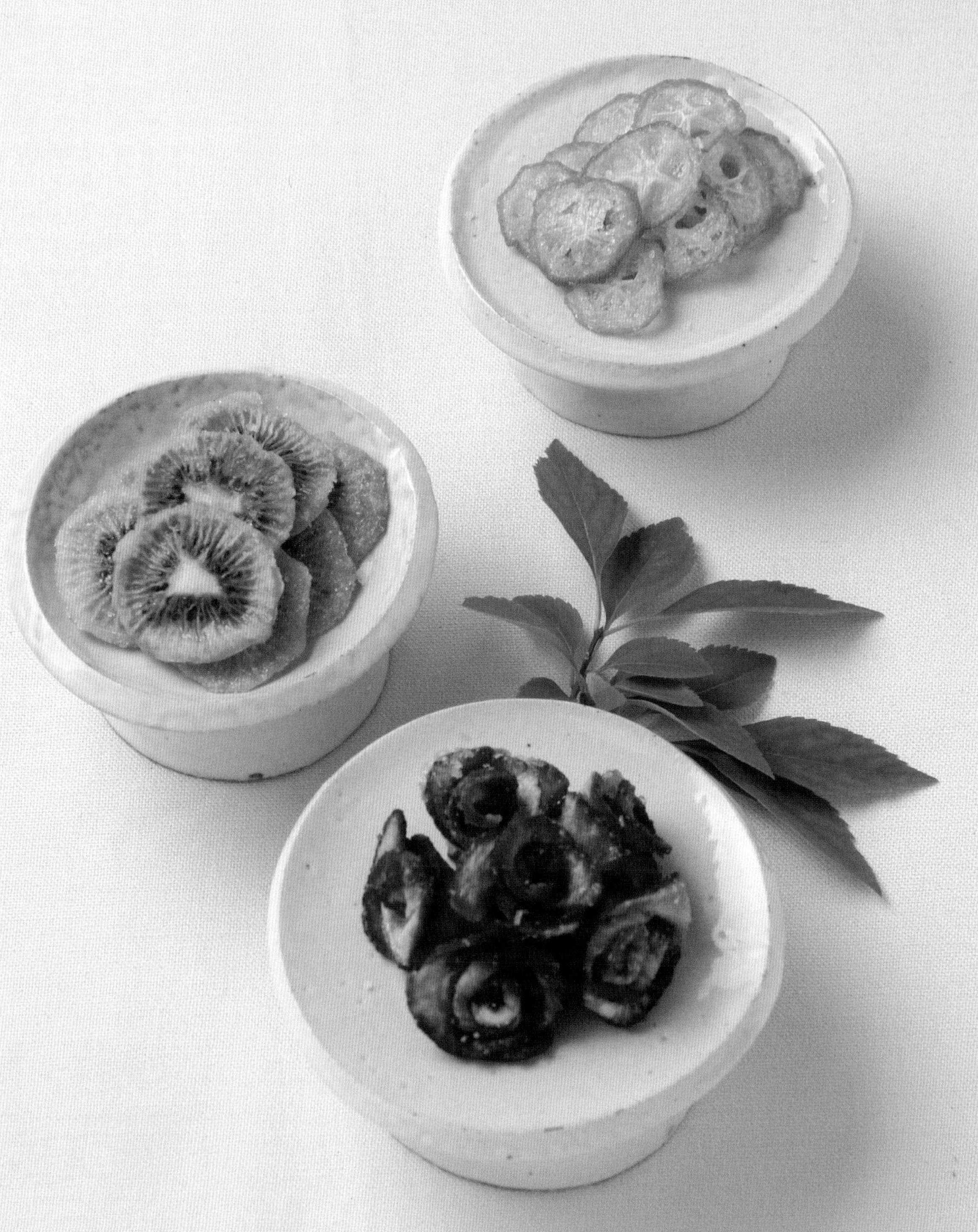

건정과

딸기, 키위, 금귤을 설탕에 재워서 말린 정과류로 단단하게 완성되어 건정과라고 한다.

재료

딸기 100g, 키위 2개, 금귤 100g

부재료

설탕 500g

만들기

1. **밑준비**
   딸기, 키위, 금귤을 깨끗하게 씻어서 딸기는 길이로 얇게 썰고, 키위와 금귤은 단면이 나오게 얇게 썬다.

2. **재우기**
   썰어 놓은 과일에 설탕을 뿌려서 수분이 나오면 따라버리고 다시 설탕을 뿌려주기를 2~3번 반복한다.

3. **말리기**
   설탕에 절여진 과일을 서늘한 곳에 두어 말린다.

Tip

· 계절별 나오는 제철 과일을 이용해서 떡에 장식으로 또는 소에 이용한다.
· 건조기에서 낮은 온도로 말려도 좋다.
· 도라지나, 연근, 무 등에 천연색소로 물을 들여 만들기도 한다.

술 이외의 모든 기호성 음료를 말하는 것으로 달고 시원한 물에 여러 가지 한약재, 꽃, 과일, 열매 등을 달이거나 꿀에 재워 두었다가 먹었는데 병을 예방할 수도 있고, 더위와 추위를 이기는 여러 가지 음청류가 발달하였다.

음청류

식혜

지방에 따라 감주(甘酒), 단술이라고도 하며, 식혜(食醯)는 당화효소의 작용으로 삭으면서 맥아의 단맛을 느끼게 하여 식후에 마시면 소화에 도움을 준다.

재료

찹쌀 1컵, 엿기름가루 4컵

부재료

물 20컵, 설탕 $1\frac{1}{2}$컵, 잣 1작은술

만들기

1. **엿기름 우리기**
   엿기름은 미지근한 물에 2시간 정도 불린 후 윗물만 가만히 따라낸다.
2. **찌기**
   찹쌀은 깨끗이 씻어 1시간 정도 푹 찐다.
3. **당화시키기**
   미지근한 엿기름물에 찐 찹쌀밥을 보온밥솥에 넣고 5시간 정도 당화시킨다.
4. **끓이기**
   밥알이 떠오르면 밥알과 국물을 따로 분리하여 밥알은 맑은 물에 헹궈 보관하고, 국물은 설탕과 생강을 넣고 끓인다. 이때 거품과 찌꺼기를 꼼꼼하게 걷어내어야 맑은 식혜가 된다.
5. **담아내기**
   냉장고에 차게 보관하고 먹을 때 잣을 띄워내면 된다.

Tip

· 식혜의 당화온도는 55~60℃이다.
· 당화시킬 때 설탕을 조금 넣어주면 밥알이 빨리 위로 떠오른다.
· 지방에 따라 삭힌 엿기름물과 밥알을 같이 끓이기도 한다.
· 엿기름이 좋지 않으면 식혜가 탁하게 된다.
· 찹쌀은 소화가 용이하고 맛이 더 좋다. 멥쌀로 밥을 하기도 한다.

수정과

수정과는 '수전과'라고도 하며 계피, 생강, 통후추를 달인 물에 설탕을 타서 차게 식힌 음료이다.

재료

껍질 벗긴 생강 50g, 물 6컵, 통계피 30g, 물 6컵

부재료

황설탕 1컵, 곶감 5개, 호두 50g, 잣 1큰술

만들기

1. **밑준비**
   - 생강은 껍질을 벗겨 얇게 썬다.
   - 통계피는 깨끗이 씻어 조각낸다.
   - 곶감은 젖은 행주로 닦는다.
   - 잣은 고깔을 뗀 후 깨끗이 닦는다.

2. **끓이기**
   저민 생강에 물을 부어 은근한 불에서 끓여 체에 거른다.
   통계피는 물을 부어 은근한 불에서 끓여 면보에 거른다.

3. **간 맞추기**
   생강물과 계피물을 합하여 황설탕을 넣고 조금 더 끓여서 식힌다.

4. **담아내기**
   곶감쌈 등으로 모양내어 잣을 띄운 후 화채그릇에 담아낸다.

Tip

· 수정과를 끓일 때 생강, 통계피를 각각 따로 끓인 후 섞어줘야 맛을 제대로 알 수 있다.
· 수정과에 곶감을 미리 넣어 불리기도 한다.
· 수정과에 넣는 곶감은 주머니곶감으로 말릴 때 꼭지에 실을 매어 널어 말린 것이 좋다.

배숙

잘 익은 배에는 과당, 자당, 주석산 그리고 소화효소가 들어있어 먹으면 소화를 돕는다. 유기산이 적어 사과와 달리 신맛이 거의 없다.

재료

배 1개

부재료

물 6컵, 통후추 1작은술, 생강 40g, 설탕 $\frac{1}{2}$컵, 잣 약간, 꿀 $\frac{1}{2}$컵

만들기

1. **밑준비**
   배는 12쪽으로 등분하여 껍질을 벗긴 후 속을 잘라낸 다음 통후추를 박는다. 생강은 껍질을 벗겨 얇게 저며 썬다.
2. **끓이기**
   저민 생강에 물을 넣어 끓인 후 생강을 건져내고 설탕과 꿀을 넣어 끓기 시작하면 배를 넣고 투명하게 익힌다.
3. **담아내기**
   차게 식혀서 잣과 함께 화채 그릇에 담아낸다.

Tip

· 기침을 많이 할 때 생강을 듬뿍 넣어 배숙을 만들어 먹으면 도움이 된다.

진달래화채

꽃피는 4월이 오면 우리나라 천지를 예쁘게 물들이는 꽃이 진달래이다. 우리 민족은 시절음식으로 진달래 꽃잎을 가지고 화채를 만들어 계절을 즐겼다.

재료

오미자 1컵, 물 12컵

부재료

설탕 2컵, 물 4컵, 꿀 3큰술, 진달래 30송이, 녹두녹말 약간

만들기

1. 밑준비

- 진달래는 깨끗이 씻어 꽃술을 떼어 준비한다.
- 오미자는 깨끗이 씻어 찬물에 우린 다음 체에 걸러낸다.

2. 시럽 만들기

설탕 2컵에 물 4컵을 넣어 끓인 후 설탕이 녹으면 불을 끄고 꿀을 넣어 식힌다.

3. 진달래 고명

진달래는 꽃잎만 준비하여 깨끗이 씻어 녹두녹말을 묻혀서 끓는 소금물에 살짝 데쳐 찬물에 씻어 건져 놓는다.

4. 담아내기

오미자물에 꿀을 타고 준비된 꽃잎과 잣을 띄워 대접한다.

Tip

· 우리의 음료 가운데서 차게 해서 마시는 것을 모두 일컬어 화채라 하고, 뜨겁게 마시는 것을 차라고 한다.
· 오미자의 질에 따라 양이 달라진다(8~9月이 햇것임, 빛깔이 붉고 생기 있는 것).
· 五味: 과육은 달고 시며, 핵중은 맵고 씀, 주석산, 사과산 등의 신맛이 강함
· 약효: 자양강장제. 기침과 갈증해소에 효과가 있다.
· 물 우리기: 끓이면 탄닌성분이 나와 떫은맛이 나고 색도 변함

원소병

쌀가루를 갖가지 색으로 반죽하여 소를 넣어 빚어 삶아낸 것으로 오미자국물이나 꿀물에 띄워 정초에 많이 마시는 화채이다.

재료

찹쌀가루 3컵, 소금 1작은술, 치자 1개, 오미자즙 3큰술, 쑥즙 1큰술

부재료

소: 대추 8개, 유자청건지 3큰술, 꿀 2큰술, 계핏가루, 녹말가루 약간
물 15컵, 설탕 3컵, 꿀 5큰술, 잣 1작은술

만들기

1. **반죽**
   쌀가루에 소금을 넣고 비벼 체에 내린 후 4등분하여 각각의 색을 입혀 반죽한다.

2. **빚기**
   대추와 유자청건지는 곱게 다져 계핏가루를 넣어 콩알만하게 소를 만들고 반죽을 은행 크기만하게 빚은 후 소를 넣고 둥글게 빚는다.

3. **삶기**
   둥글게 빚은 반죽은 녹말가루에 한 번 굴려 끓는 물에 삶아 찬물에 헹궈낸다.

4. **담기**
   삶아낸 떡을 그릇에 담고 물, 설탕, 꿀을 섞어 단물을 부어 잣을 띄워낸다.

Tip

· 원소병의 경단은 찬물로 반죽해야 늘어지지 않는다.
· 쌀가루에 색을 연하게 들여야 색이 곱다.

유자차

비타민 C가 오렌지의 3배 이상을 함유하고 있으며, 헤스페르딘(Hesperdin)이라는 물질이 있어 모세혈관을 보호하고 강화시키는 역할을 한다.

재료

유자 1개

부재료

설탕 1컵, 잣 2큰술

만들기

1. **재우기**
   유자는 깨끗이 씻어 2등분하여 속을 파내고 껍질은 얇게 썰어 소독한 병에 채 썬 껍질과 설탕을 켜켜로 재운다.
2. **숙성**
   20여일 동안 재운다.
3. **차 마시기**
   끓는 물에 1~2스푼을 넣어 마신다.

Tip

· 유자를 설탕에 잴 때에 소주를 조금 넣으면 유자청을 오래 보관할 수 있다.
· 공기와 차단되게 밀봉을 잘해야 오래 보관할 수 있다.

모과차

늦은 가을이 되면 모과가 출하되기 시작한다. 달여서 먹으면 향도 좋고 계절의 변화에 따른 감기예방, 소화촉진, 기침해소에 좋은 차이다.

재료

모과 1개

부재료

설탕 1컵, 잣 2큰술

만들기

1. **재우기**
   모과는 깨끗이 씻어 물기를 제거한 후 속을 파고 얄팍하게 썰어 설탕으로 버무려 소독한 병에 담는다.
2. **숙성**
   30여일 동안 숙성시킨다.
3. **차 마시기**
   끓는 물에 1~2스푼 넣어 마신다.

Tip

생것은 향이 없으므로 설탕에 재어두었다가 마시는 것이 맛도 달고 향기도 좋다.

대추차

대추를 보고 먹지 않으면 늙는다는 옛말이 있다. 그만큼 대추는 속을 편하게 해주고 몸을 보호해주는 자연식품이다.

재료

대추 100g, 인삼 1뿌리

부재료

물 2L, 꿀 약간, 잣 1큰술, 대추꽃

만들기

1. 끓이기

대추와 인삼을 깨끗이 씻어 센불-중불-약불에서 2~3시간 정도 은근히 끓인다.

2. 차 마시기

끓인 대추차는 기호에 따라 차게 또는 따뜻하게 꿀과 잣, 대추꽃을 띄워 마신다.

Tip

· 가을철에 완전히 성숙한 대추를 말려서 보관하여 두었다가 이용하면 좋다.
· 선택을 할 때 너무 큰 것보다 조금 크기가 작은 재래종 대추가 약으로 이용된다.
· 당질을 많이 함유하고 있으므로 감미료를 첨가하지 않고 마시는 게 좋다.

계피차

자양, 강장, 발한, 해열, 진통, 건위, 정장작용이 있고, 몸이 허하며 추위를 잘 타는 체질에는 땀을 내주는 효능이 있다.

재료
통계피 60g, 생강 50g, 대추 40g

부재료
물 3L, 꿀(또는 설탕) 약간, 잣 1큰술

만들기

1. **끓이기**
   생강은 얇게 저미고 통계피, 대추를 넣어 푹 끓인다.
2. **차 마시기**
   꿀이나 설탕을 넣고 잣을 띄워서 낸다.

Tip
· 계피는 육안으로 보아 형태가 크고 두꺼우며 단면이 자홍색으로 향기가 강한 것이 좋다.

떡제조기능사

수험자 유의사항

1) 항목별 배점은 [정리정돈 및 개인위생 14점], [각 과제별 43점씩×2가지 = 총 86점]이며, 요구사항 외의 제조 방법 및 채점기준은 비공개입니다.
2) 시험시간은 재료 전처리 및 계량시간, 정리정돈 등 모든 작업과정이 포함된 시간입니다(시험시간 종료 시까지 작업대 정리를 완료).
3) 수험자 인적사항은 검은색 필기구만 사용하여야 합니다. 그 외 연필류, 유색 필기구, 지워지는 펜 등은 사용이 금지됩니다.
4) 시험 전과정 위생수칙을 준수하고 안전사고 예방에 유의합니다.
   - 시작 전 간단한 가벼운 몸 풀기(스트레칭) 운동을 실시한 후 시험을 시작하십시오.
   - 위생복장의 상태 및 개인위생(장신구, 두발 · 손톱의 청결 상태, 손씻기 등)의 불량 및 정리 정돈 미흡 시 실격 또는 위생항목 감점처리 됩니다.
5) 작품채점(외부평가, 내부평가 등)은 작품 제출 후 채점됨을 참고합니다.
6) 수험자는 제조과정 중 맛을 보지 않습니다(맛을 보는 경우 위생 부분 감점).
7) 요구사항의 수량을 준수합니다(요구사항 무게 전량/과제별 최소 제출 수량 준수).
   - 「지급재료목록 수량」은 「요구사항 정량」에 여유량이 더해진 양입니다.
   - 수험자는 시험 시작 후 저울을 사용하여 요구사항대로 정량을 계량합니다(계량하지 않고 지급재료 전체를 사용하여 크기 및 수량이 초과될 경우는 "재료 준비 및 계량항목"과 "제품평가" 0점 처리).
   - 계량은 하였으나, 제출용 떡 제품에 사용해야 할 떡반죽(쌀가루 포함)이나 부재료를 사용하지 않고 지나치게 많이 남기는 경우, 요구사항의 수량에 미달될 경우는 "제품평가" 0점 처리
   - 단, 찜기의 용량을 초과하여 반죽을 남기는 경우는 제외하며, 용량 초과로 떡반죽(쌀가루 포함) 및 부재료를 남기는 경우는 찜기에 반죽을 넣은 후 손을 들어 남은 떡반죽과 재료에 대해서 감독위원에게 확인을 받아야 함
8) 타이머를 포함한 시계 지참은 가능하나, 아래 사항을 주의합니다.
   - 다른 수험생에게 피해가 가지 않도록 알람 소리, 진동 사용을 제한
   - 손목시계를 착용하는 것은 이물 및 교차오염 방지를 위해 착용을 제한(착용 시 감점)
9) 요구사항에 명시된 도구 외 "몰드, 틀" 등과 같은 기능 평가에 영향을 미치는 도구는 사용을 금합니다(사용 시 감점).
   - 쟁반, 그릇 등을 변칙적으로 몰드 용도로 사용하는 경우는 감점
10) 찜기를 포함한 지참준비물이 부적합할 경우는 수험자의 귀책사유이며, 찜기가 지나치게 커서 시험장 가스레인지 사용이 불가할 경우는 가스 안전상 사용에 제한이 있을 수 있습니다.
11) 의문 사항은 손을 들어 문의하고 그 지시에 따릅니다.
12) 다음 사항은 실격에 해당하여 채점 대상에서 제외됩니다.
   가) 수험자 본인이 수험 도중 시험에 대한 포기 의사를 표현하는 경우
   나) 위생복 상의, 위생복 하의(또는 앞치마), 위생모, 마스크 중 1개라도 착용하지 않은 경우
   다) 시험시간 내에 2가지 작품 모두를 제출대(지정장소)에 제출하지 못한 경우
   라) 모양, 제조방법(찌기를 삶기로 하는 등)을 준수하지 않았을 경우
   마) 상품성이 없을 정도로 타거나 익지 않은 경우(제품 가운데 부분의 쌀가루가 익지 않아 생쌀가루 맛이 나는 경우, 익지 않아 형태가 부서지는 경우)
      ※ 찜기 가장자리에 묻어나오는 쌀가루 상태는 채점대상이 아니며, 콩의 익은 정도는 감점 대상(실격 대상 아님)
   바) 지급된 재료 이외의 재료를 사용한 경우(재료 혼용과 같이 해당 과제 외 다른 과제에 필요한 재료를 사용한 경우도 포함)
      ※ 기름류는 실격처리가 아닌 감점 처리이므로 지급재료목록을 확인하여 기름류 사용에 유의(단, 떡 반죽 재료 또는 떡 기름칠 용도로 직접적으로 사용하지 않고 손에 반죽 묻힘 방지용으로는 사용 가능)
   사) 시험 중 시설 · 장비의 조작 또는 재료의 취급이 미숙하여 위해를 일으킬 것으로 감독위원 전원이 합의하여 판단한 경우

1회 모의고사

01 다음 중 떡의 부재료가 아닌 것은?

① 석이버섯　② 원두　③ 잣　④ 은행

02 다음 중 발색제의 색의 연결로 바르지 않은 것은?

① 빨간색 – 송기가루　② 노란색 – 연잎가루
③ 초록색 – 쑥가루　④ 갈색 – 계피가루

03 찌는 떡의 표기로 옳지 않은 것은 ?

① 증병, 甑餠　② 도병, 擣餠
③ 유전병, 團子餠　④ 단자병, 團子餠

04 천연색소의 사용에 대한 설명으로 올바르지 않은 것은?

① 오미자는 물에 오랫동안 끓여 사용한다.
② 단호박은 4~6등분하여 껍질을 제거하고 찜기에 쪄서 체에 내려 사용한다.
③ 쑥은 씻어 데쳐서 사용한다.
④ 계피가루, 코코아가루는 쌀가루에 수분에 영향을 줄 수 있어 가루에 수분을 따로 주어 사용한다.

05 곡류에 대한 설명으로 올바른 것은?

① 흑미는 불리지 않고 맷돌에 갈아 사용한다.
② 차수수를 깨끗이 씻어 수수의 떫은 맛을 없애기 위해 중간에 물을 바꿔가며 불린 다음 빻는다.
③ 보리로 가루를 만들 때 물에 오래 불려 방아에 빻는다.
④ 멥쌀은 찹쌀보다 아밀로펙틴 함량이 많아 잘 익지 않으므로 오래 쪄야 한다.

06 떡의 우수성 중 5대 영양소와 연결이 틀린 것은?

① 단백질 – 콩, 팥, 녹두 ② 지방 – 잣, 호두, 땅콩
③ 탄수화물 – 장미, 국화, 진달래 ④ 비타민 – 상추, 깻잎, 앵두

07 다음 중 영양성분의 연결로 올바른 것은?

① 쌀 – 호르데인 ② 밀 – 글루텐
③ 옥수수 – 루틴 ④ 조 – 오리제닌

08 탄수화물은 주로 전분이고, 단백질은 제인(zein)으로 리신, 트립토판 함량이 적고 트레오닌 함량이 비교적 많이 이루어진 것은?

① 옥수수 ② 보리 ③ 감자 ④ 고구마

09 부재료의 전처리 방법에 대한 설명으로 바르지 않은 것은?

① 석이버섯은 불려 이끼를 비벼 씻은 후 돌돌 말아 썰어 사용한다.
② 호박오가리는 말린 상태에 따라 물에 불려 사용한다.
③ 치자는 깨끗이 씻어 반으로 쪼개어 미지근한 물에 담가 우린 다음 면보에 걸러 사용한다.
④ 지초는 물에 삶아서 사용한다.

10 쌀을 불리는 방법에 대한 설명으로 적절한 것은?

① 찹쌀의 최대 수분 흡수율은 20~25%이다.
② 찹쌀은 물에 불리기 전보다 불린 후 무게가 1.5배 정도 증가한다.
③ 쌀을 불리는 시간은 여름에는 1~2시간, 겨울에는 3~4시간 불리는 것이 일반적이다.
④ 멥쌀이 찹쌀보다 수분 흡수율이 높은데, 이유는 멥쌀이 찹쌀보다 아밀로펙틴 함량이 많기 때문이다.

11 멥쌀로 이용한 떡이 찹쌀로 이용한 떡보다 노화가 빨리 진행되는 것은 어떤 성분 때문인가?

① 아밀로오스 ② 아밀로펙틴 ③ 펙틴 ④ 글리코겐

12 다음 중 떡에 들어가는 채소류가 아닌 것은?

① 브로콜리 ② 깻잎 ③ 상추 ④ 쑥

13 **떡을 만드는 재료의 전처리 방법으로 적절하지 않은 것은?**

① 단호박은 4~6등분하여 씨를 빼고 찜통에 찐 다음 긁어 체에 내려 사용한다.
② 현미와 흑미를 3~4시간에 한 번 물을 바꿔가면서 12시간 이상 물에 불린다.
③ 색을 내는 재료에 따라 쌀가루에 섞어서 사용한다.
④ 치자를 고를 때는 너무 오래되지 않고, 크기가 큰 것을 고르는 것이 좋다.

14 **다음 중 쌀에 대한 설명으로 적절하지 않은 것은?**

① 멥쌀은 탄수화물 75% 이상, 7% 단백질, 지질, 인, 철 비타민으로 구성
② 멥쌀의 단백질은 오리제닌(oryzenin)
③ 찹쌀은 탄수화물 80% 이상, 8% 단백질, 20%의 지방으로 구성
④ 찹쌀은 아밀로오스 80%, 아밀로펙틴 20%으로 구성

15 **떡의 제조 원리 방법으로 바르지 않은 것은?**

① 불린 쌀은 체에 밭쳐 물기를 빼고 빻아 사용한다.
② 쌀을 불릴 때는 여름에는 3~5시간, 겨울에는 7~8시간 물에 불린다.
③ 부재료는 쌀가루에 물과 함께 넣어준다.
④ 멥쌀을 2번 곱게 빻고, 찹쌀은 1번만 성글게 빻는다.

16 **떡을 칠 때 사용하는 도구로 대표적으로 인절미를 만들 때 사용하는 것은?**

① 절구　② 안반 떡메　③ 시루　④ 떡살

17 **메밀의 영양적 특징으로 틀린 것은?**

① 메밀의 주된 단백질은 호르데인(hordin)으로 약 40% 정도 함유되어 있다.
② 메밀은 비타민B1, B2가 풍부하다.
③ 메밀은 루틴이 함유되어 있어 혈압, 동맥경화 예방에 좋다.
④ 메밀의 단백질은 12~15% 정도 포함되어 있다.

18 **찹쌀 1kg을 물에 불렸을 때 무게는?**

① 1.15~1.2kg　② 1.25~1.3kg　③ 1.75~1.8kg　④ 1.35~1.4kg

19 **찹쌀가루를 익반죽하여 끓는 물에 익혀 낸 떡은?**

① 지지는 떡　② 삶는 떡　③ 찌는 떡　④ 치는 떡

20 고물 만드는 방법으로 올바른 것은?

① 붉은팥고물의 팥은 물에 충분히 불려 떫은맛을 빼고 사용한다.
② 녹두고물은 돌을 인 다음 건져 넓은 솥에 타지 않게 분마기에 굵게 갈아 키로 까불려 볶아 사용한다.
③ 깨고물은 깨를 볶을 때 바짝 말려 색이 진하게 날 때까지 볶는다.
④ 거피팥 고물을 만들 때 물에 불려 잿물에 씻어 껍질을 벗기고 헹구어 물기를 빼고 쪄서 사용한다.

21 쌀가루를 체에 내리는 이유로 적절한 것은?

① 떡을 더 단단하게 만들어 깨지지 않게 하기 위해서이다.
② 쌀가루에 들어 있을지도 모르는 돌을 제거한다.
③ 미세한 공기가 쌀가루에 혼입되어 떡이 잘 쪄지고 촉감도 부드럽다.
④ 쌀가루 입자를 굵게 만들어 잘 익도록 한다.

22 콩설기를 만드는 데 사용하지 않는 조리 도구는?

① 떡살 ② 중간체 ③ 스텐볼 ④ 번철

23 백설기를 만드는 방법으로 틀린 것은 ?

① 멥쌀가루를 불려 소금을 넣고 체에 내려 끓는 물로 반죽하여 삶아 사용한다.
② 멥쌀가루에 물을 주어 골고루 비빈 후 중간체에 내려 설탕을 넣고 고루 섞는다.
③ 찜기에 떡을 올리고 15~20분 정도 쪄서 뜸을 들여 사용한다.
④ 멥쌀을 여름에는 3~5시간 불려 물기를 제거하고 빻아 사용한다.

24 송편을 만들 때 뜨거운 물을 부어 반죽하는 것은?

① 날반죽 ② 물반죽 ③ 켜반죽 ④ 익반죽

25 켜떡에 대한 설명으로 틀린 것은?

① 찹쌀과 멥쌀에 두류, 채소류 등 다양한 부재료를 켜켜이 넣고 안쳐서 찐 떡이다.
② 재료와 멥쌀을 섞어 올려 찌는 떡이다.
③ 켜떡에 멥쌀을 사용하는 경우 쌀가루를 체에 여러 번 내리면 떡이 부드럽다.
④ 켜떡으로는 상추설기, 느티떡, 팥고물시루떡이 있다.

26 지지는 떡을 만드는 방법으로 틀린 것은?

① 반죽을 뜨거운 물로 익반죽하여 번철에 지지는 떡이다.
② 익반죽한 떡을 둥글넓적하게 지져 시럽을 묻혀 만든다.
③ 찹쌀가루를 익반죽하여 둥글게 만들어 끓는 물에 삶아 여러 가지 고물을 묻힌 떡이다.
④ 반죽을 뜨거운 물로 익반죽하여 프라이팬에 기름을 두르고 봄에는 진달래, 여름에는 장미를 올려 지지는 것을 화전이라고 한다.

27 삶는 떡의 대표적인 떡으로 차수수를 익반죽하여 팥고물을 묻혀 만든 떡은?

① 백설기 ② 차수수경단 ③ 화전 ④ 송편

28 찌는 찰떡류의 종류에 해당하는 것은?

① 쇠머리찰떡, 콩찰떡, 구름떡
② 가래떡, 골무떡, 조랭이떡
③ 경단, 단자, 송편
④ 백설기, 콩설기, 무시루떡

29 다음은 약밥 만드는 과정이다. 틀린 것은?

① 불린 찹쌀을 중간에 소금물을 주고 찐다.
② 불린 찹쌀을 쪄서 간장, 캐러멜소스 등으로 양념하여 밤, 대추 등을 넣고 쪄낸 떡이다.
③ 멥쌀가루를 익반죽하고 깨나 콩의 소를 넣어 빚은 후 쪄낸 떡이다.
④ 약밥 소스와 부재료를 넣고 섞어 중탕한다.

30 다음중 도병이 아닌 것은?

① 가래떡 ② 경단 ③ 인절미 ④ 개피떡

31 지지는 떡이 아닌 것은?

① 부꾸미 ② 화전 ③ 주악 ④ 콩시루떡

32 치는 떡으로 멥쌀가루를 쪄서 안반에 놓고 친 다음 길게 밀어서 만든 떡으로 주로 새해에 해먹는 떡은?

① 인절미 ② 절편 ③ 바람떡 ④ 가래떡

33 찹쌀가루를 익반죽하여 둥글게 만들어 끓는 물에 삶아 고물을 묻힌 떡은?

① 경단 ② 화전 ③ 모둠찰떡 ④ 송편

34 식품 위생법의 주요 단어와 뜻이 다른 것은?

① 식품 첨가물 – 식품을 제조, 가공 조리과정에 감미, 착색, 표백, 산화방지 목적으로 사용되는 물질
② 용기, 포장 – 식품, 식품 첨가물을 넣거나, 싸는 것
③ 영업 – 식품, 식품을 채취 제조, 가공, 조리, 저장, 소분, 운반 또는 판매하는 것
④ 위해 – 식품, 식품첨가물 기구 또는 용기, 포장에 위험 요소로 인체에 도움이 되는 것

35 100℃에서 10분간 가열해도 파괴되지 않아 식품섭취 후 구토, 설사, 심한 복통을 유발하는 식중독은?

① 보툴리누스균　　② 장염비브리오균
③ 병원대장균　　④ 포도상구균

36 개인 위생 감염 예방으로 적절하지 않은 것은?

① 식품 취급자는 손을 세정액으로 자주 씻기
② 음식물에 침으로 오염되지 않게 기침하거나 말을 하는 것을 자제
③ 화장실 갈 때 앞치마 착용
④ 작업대 사용하는 기물 소독

37 다음 중 바이러스성 감염병이 아닌 것은?

① 폴리오　② 장티푸스　③ A형간염　④ 광견병

38 소화기계 감염병으로 비위생적인 음식물이나 물, 시설 및 환경 등에서 세균이 입을 통하여 체내로 침입하는 경구감염병이 아닌 것은?

① 콜레라　② 이질　③ 장티푸스　④ 렙토스피라

39 떡 포장 시 표시 사항이 아닌 것은?

① 제품명　　② 성분명 및 함량
③ 용기, 포장 재질　　④ 포장 작업자의 이름

40 상수도, 또는 수영장에 주로 이용하는 0.2ppm 잔류량을 허용하는 화학적 소독 살균제로 사용하는 방법은?

① 염소　② 석탄산　③ 역성비누　④ 과산화수소

41 HACCP의 7대 원칙이 아닌 것은?

① 위해요소 분석 ② HACCP팀 구성
③ 한계관리기준 설정 ④ 시정 조치 후 문서 정리

42 다음 중 식품위생법 목적에 해당하지 않는 것은?

① 식품으로 인하여 생기는 위생상의 위해 방지
② 식품의 직적 향상 도모
③ 식품의 가격과 판매처 정보
④ 국민의 보건 증진

43 햇빛에 포함된 자외선으로 소독 · 살균하는 방법은?

① 열탕소독법 ② 건열멸균법 ③ 소각멸균법 ④ 일광소독법

44 작업장의 장비에 대한 안전관리 방법으로 적절하지 않은 것은?

① 날카로운 것을 다룰 때 장갑을 끼면 위험하다.
② 작업장의 조명은 200LX 이상으로 유지해야 한다.
③ 가열 도구 등을 사용할 때는 가연성 물질을 사용한다.
④ 도구 장비 이상 여부를 수시로 체크한다.

45 개인 안전 점검에 해당하지 않은 것은?

① 칼을 사용할 때는 안정적인 자세로 사용하여야 한다.
② 무거운 원, 부재료를 이동할 때는 근, 골격의 충분한 스트레칭한 후 부상이 없도록 한다.
③ 모든 장비의 보호장치와, 안전장치를 숙지하고 올바른 방식으로 사용한다.
④ 부상 시 혼자 응급 처치를 하도록 한다.

46 다음 설명 중 떡의 정의가 아닌 것은?

① 각종 제례나 예식, 농경의례, 토속신앙을 배경으로 한 각종 제사, 통과의례, 시절 및 명절행사들에 올라오는 고유 음식 중 하나이다.
② 곡식을 가루내어 물과 반죽하여 찌거나, 삶거나, 지져서 만든 음식을 통틀어 이른다.
③ 떡의 어원은 중국의 한자에서 비롯되었는데 한대(漢代) 이전에 쌀, 기장, 조, 콩 등으로 만든 것을 '이(餌)'라 하였고, 이후 밀가루가 도입된 다음 주재료가 밀가루로 바뀌면서 '병(餠)'이라 칭하였다.
④ 우리나라에서는 재료에 따라 떡과 병을 나눠 표기하였다.

47 《규합총서》에 '그 맛이 좋아 차마 삼키기 어려운 떡'이라고 기록되어 있는 떡은?

① 두텁떡 ② 부편 ③ 잡과편 ④ 석탄병

48 조선시대 떡에 대한 설명으로 틀린 것은?

① 불교가 번성함에 따라 차와 떡을 즐기는 풍속이 유행하였다.
② 향신료가 유입되어 떡에 부재료로 사용되었다.
③ 혼례와 제례 등 각종 행사에 사용하는 떡들이 많아지면서 더욱 발달하였다.
④ 농업기술이 발전하면서 곡류 생산이 늘어 떡 종류가 다양해졌다.

49 약식의 유래와 관계 없는 것은?

① 백결선생 ② 소지왕 ③ 까마귀 ④ 의자왕

50 서울 · 경기 지역의 향토떡으로 맞는 것은?

① 모시잎송편, 쑥굴레
② 수리취떡, 고치떡, 호박메시루떡
③ 잣구리, 조개송편, 찰부꾸미, 송기떡
④ 개성주악, 쑥갠떡, 여주산병

51 떡의 종류로 바르지 않은 것은?

① 치는 떡 ② 삶는 떡 ③ 지지는 떡 ④ 굽는 떡

52 지역별 떡의 특징에 대한 설명으로 옳지 않은 것은?

① 서울 · 경기도 – 각 지역의 특징들이 혼합되어 있다.
② 제주도 – 잡곡을 이용한 떡이 많으며 쌀떡은 제사 때만 썼다.
③ 평안도 – 다른 지방에 비해 매우 큼직하고 소담하다.
④ 전라도 – 떡이 모양이 다양하고 사치스럽다.

53 정조(正祖) 때 음력 2월 초하룻날을 농사일이 시작되는 날로 정하여 절기로 삼았다. 이월초하루에 먹는 송편은 머슴이나 가족들에게 나이 수대로 나누어 주었던 떡은?

① 가래떡 ② 도행병 ③ 노비송편 ④ 상화병

54 희고 둥글게 빚은 떡으로 부부가 세상을 보름달처럼 밝게 비추고 채워가며 살기를 바라는 의미를 가진 떡은?

① 경단 ② 백설기 ③ 달떡 ④ 구름떡

55 절식으로 먹는 떡의 연결이 바르지 않은 것은?

① 삼짇날, 진달래 화전　　② 정월초하루, 떡국
③ 단오, 수리취 떡　　④ 석가탄신일, 석탄병

56 세시풍속과 떡의 의미가 옳지 않은 것은?

① 삼칠일 – 아이와 산모를 속세와 구별하여 보호한다는 의미로 백설기를 먹었다.
② 책례 – 배운 지식을 잊지 말라 하여 찰진 떡의 종류로 콩찰떡을 먹었다.
③ 첫돌 – 오행과 오덕을 가진 사람이 되라 하여 오색 송편과 무지개떡을 만들어 먹었다.
④ 백일 – 붉은색이 아이에게 오는 나쁜 귀신을 쫓는다는 의미로 붉은 차수수경단을 먹었다.

57 각 지역의 향토떡으로 연결이 바르지 않은 것은?

① 전라도 – 꽃송편, 나복병, 전주경단
② 경상도 – 쑥굴레, 잣구리, 부편
③ 서울, 경기도 – 개성우메기, 부꾸미, 근대떡
④ 충청도 – 장떡, 조개송편, 노티

58 제주도 지방의 향토떡은?

① 오쟁이떡　② 닭알범벅　③ 닭알떡　④ 상애떡

59 '해동역사에는 밤설기 떡인 율고(栗餻)를 잘 만들었다고 칭송한 중국인의 견물이 기록되어 있다' 설명에 해당되는 시대는?

① 삼국시대　② 고려시대　③ 조선시대　④ 고조선

60 다음 절식으로 먹는 떡의 연결이 바르지 않는 것은?

① 칠석 – 증편　　② 상달 – 무팥고물시루떡
③ 동지 – 찹쌀경단　　④ 유두 – 진달래화전

정답

1	2	3	4	5	6	7	8	9	10	11	12	13	14	15	16	17	18	19	20
②	②	③	①	②	③	②	①	④	②	①	①	②	④	③	②	①	④	②	④
21	22	23	24	25	26	27	28	29	30	31	32	33	34	35	36	37	38	39	40
③	④	①	④	②	③	②	①	③	②	④	④	①	④	④	③	②	④	④	①
41	42	43	44	45	46	47	48	49	50	51	52	53	54	55	56	57	58	59	60
②	③	④	③	④	④	④	①	④	④	④	①	③	④	④	②	④	④	②	④

2회 모의고사

1 **다음 중 보리에 대한 설명으로 알맞지 않은 것은?**

① 쌀보다 비타민, 단백질, 지질 함량이 낮다.
② 베타글루칸, 식이섬유가 많다.
③ 혈압, 동맥경화에 좋다.
④ 글루테닌이 함유되어 있다.

2 **다음 중 잣고물을 만드는 방법으로 알맞은 것은?**

① 씻어 돌 없이 일어 물기를 빼고 마른 팬에 볶아 절구에 찧어 고물을 만든다.
② 물기를 뺀 다음 넓은 솥에 타지 않게 볶아 절구에 대강 찧어 김 오른 찜기에 한 김 올려 찌고 말리기를 반복하여 고물을 만든다.
③ 고깔을 떼고 마른행주로 깨끗이 닦아 도마 위에 한지를 여러 장 놓은 다음 한지로 덮고 밀대로 민 다음 덮은 한지를 벗기고 칼로 곱게 다져 고물 만든다.
④ 8시간 이상 충분히 불린 후 제물에서 벅벅 문질러 껍질을 벗긴 후 찬물로 여러 번 씻어 체에 밭쳐 물을 뺀다. 찜기에 베보자기를 깔고 30~40분 정도 푹 찐 후 소금 간을 하여 빻은 다음 굵은체에 내려 사용한다.

3 **다음 중 콩의 설명으로 옳지 않은 것은?**

① 단백질 40%로 양질의 식물성단백질 급원으로 이용
② 소화 저해 물질이 있어 발효, 가열하여 소화가능하다.
③ 콩은 단백질은 쌀의 부족한 리신, 트립토판을 보충하는 데 도움을 준다.
④ 콩은 너무 건조한 곳에 보관하면 좋지 않다.

4 **다음 중 떡의 우수성 중 지방질에 견과류의 종류에 해당하는 것은?**

① 옥수수 ② 보리 ③ 쌀 ④ 잣

5 **천연색소의 재료와 연결이 틀린것은?**

① 붉은색 – 오미자, 지초
② 초록색 – 쑥, 파래
③ 노란색 – 황색색소, 햇치자
④ 갈색 – 코코아가루, 계핏가루

6 **떡의 호화에 미치는 요소로 적절한 것은?**

① 온도가 높을수록
② 수분의 함량이 적을수록
③ 전분입자가 작을수록
④ 산도가 높을수록

7 **다음 중 떡에 들어가는 부재료가 아닌 것은?**

① 엽채류 – 쑥, 상추, 느티잎, 수리취
② 기타채소류 – 안티초크, 샐러리, 브로콜리
③ 근채류 – 감자, 고구마, 당근, 무
④ 과채류 – 딸기, 사과, 귤, 앵두, 복숭아

8 **다음 중 노화의 억제에 대해 설명이 바르지 않은 것은?**

① 당류는 수분흡수율이 높아 노화를 억제한다.
② 60℃ 이상에서 보관하면 노화를 억제한다.
③ 식초나 산을 넣으면 노화가 억제된다.
④ 수분을 많이 주면 노화가 늦게 나타난다.

9 **붉은팥의 조리 특성으로 적절한 것은?**

① 붉은팥을 삶을 때 처음부터 끝까지 센 불에 삶아야 한다.
② 붉은팥을 삶을 때 물에 불려 사용해야 색이 곱다.
③ 붉은팥을 삶을 때 물에 불려 사용해야 붉은색 물이 용출되지 않는다.
④ 붉은팥을 삶을 때 거품이 생기며, 끓어 넘치는데 이는 팥에 함유되어 있는 사포닌 때문이다.

10 **다음 중 쌀의 수분 흡수율에 영향을 주는 요인으로 맞는 것은?**

① 쌀의 비타민 함량
② 쌀의 단백질 함량
③ 쌀의 구매자
④ 쌀의 품종

11 다음 중 고물에 대한 설명을 틀린 것은?

① 쌀가루 사이에 층층이 넣어 켜떡에 사용한다.
② 경단, 단자 등에 묻히는 잡곡류가 포함된다.
③ 고물에 양념하여 볶아 사용하기도 한다.
④ 떡의 맛에 큰 영향을 주는 재료가 아니다.

12 쌀을 반죽하였을 때 수월하게 점성이 생기지 않아 전분의 일부를 호화시켜 점성을 높이기 위해 끓는 물을 넣어 반죽하는 방법은?

① 익반죽 ② 날반죽 ③ 물반죽 ④ 반반죽

13 찹쌀가루로 떡을 만들 때 주의할 점으로 알맞은 것은?

① 찹쌀가루는 멥쌀가루보다 더욱 곱게 빻아야 한다.
② 찹쌀가루는 물을 많이 줘야 한다.
③ 찹쌀가루를 떡을 찔 때는 찜기에 평평하게 다져 올려 쪄야 한다.
④ 찹쌀가루를 떡을 찔 때는 거칠게 빻아야 한다.

14 쌀 불리기에 대한 설명으로 틀린 것은?

① 쌀은 물의 온도가 높을수록 물의 흡수가 빠르다.
② 쌀의 수침 시간이 증가하면 호화 시작 온도가 낮다.
③ 쌀의 수침 시간이 증가하면 조직이 연화되어 입자의 결합력이 증가한다.
④ 쌀의 수침 시간이 증가하면 수분 함량이 많아져 호화가 잘 된다.

15 쌀의 호화와 노화에 대한 설명으로 적절한 것은?

① 멥쌀보다 찹쌀이 빨리 호화된다.
② 전분의 노화를 억제하기 위해 떡을 냉장보관하여 판매한다.
③ 전분이 부드러워지는 것을 노화라고 한다.
④ 전분의 호화에 미치는 영향으로 ph조건, 전분입자의 크기, 수분함량 등이 있다.

16 떡을 만드는 제조 과정의 순서에 해당하지 않는 것은?

① 쌀 씻기 ② 쌀 물 뺀 후 말리기
③ 쌀 빻기 ④ 쌀 수분 주기

17 떡을 제조하는 과정과 이에 대한 설명으로 맞지 않는 것은?

① 쌀 씻기, 불리기 – 쌀을 깨끗이 씻어서 여름철에는 3~5시간, 겨울철에는 7~8시간

정도 불린다.
② 쌀가루 분쇄하기 – 멥쌀은 곱게 빻고, 찹쌀은 성글게 빻는다.
③ 수분 주기 – 쌀을 익혀서 치대어 반죽한다.
④ 치기 – 쪄진 반죽을 많이 치면 떡의 노화가 늦어진다.

18 **단자류 떡에 해당하는 것은?**

① 가래떡, 절편, 조랭이떡　② 콩가루경단, 꿀물경단, 흑임자경단
③ 쑥찰떡, 콩찰떡, 구름떡　④ 대추단자, 석이단자, 밤단자

19 **모듬배기라고도 불리는 떡으로 썰어놓은 모양이 마치 쇠머리편육과 비슷한 떡은?**

① 무지개떡　② 쇠머리찰떡　③ 잡과병　④ 구름떡

20 **곡식을 찧을 때 사용하는 도구로 김치 양념을 만들 때는 사용하는 도구는?**

① 편칼　② 돌확　③ 번철　④ 방아

21 **다음 중 무리떡에 해당되는 것은?**

① 상추떡　② 녹두찰편　③ 모듬떡　④ 시루떡

22 **지지는 떡을 만드는 방법으로 맞는 것은?**

① 반죽을 뜨거운 물로 익반죽하여 지지며 소를 넣는 떡이다.
② 찹쌀을 물에 불려 간장으로 양념하고 견과류를 넣어 중탕하여 찐 떡이다.
③ 찹쌀가루와 멥쌀가루를 섞어 반죽하여 동그랗게 만들어 기름에 튀기듯 지진다.
④ 반죽을 뜨거운 물로 익반죽하여 프라이팬에 기름을 두르고 고명을 올려 지진 떡이다.

23 **떡을 만들기 전, 재료를 준비하는 방법으로 적절한 것은?**

① 호두는 하루 정도 물에 담가 껍질을 벗겨 사용한다.
② 녹두는 6~8시간 이상 물에 불려 껍질을 제거하고 찜기에 쪄서 사용한다.
③ 밤채는 껍질을 벗겨 하룻밤 물에 담가두었다가 채 썰어 사용한다.
④ 잣을 고물로 사용할 경우 분쇄기에 갈아 바로 사용한다.

24 **여러 가지 색을 들여서 색색으로 만들어 쪄내는 떡은?**

① 모듬설기떡　② 무지개떡　③ 감고지떡　④ 팥시루떡

25 송편을 종류에 따른 특징 설명이 알맞은 것은?

① 감자송편 : 강원도 지역에서 감자를 가루 내어 만들어 먹었다.
② 꽃송편 : 송편을 색을 들여 화려하게 만든 경상도 지방의 송편이다.
③ 호박송편 : 서울 지역에서 호박을 이용한 송편이다.
④ 조개송편 : 조개모양의 송편으로 강원도 바다 지역에서 주로 해 먹었던 송편이다.

26 떡의 종류로 짝지어진 것이 틀린 것은?

① 지지는 떡 – 화전, 부꾸미
② 설기떡 – 백설기, 콩설기
③ 단자 – 대추단자, 유자단자
④ 가래떡류 – 가래떡, 콩설기

27 쌀을 분쇄하는 도구는?

① 쳇다리 ② 편칼 ③ 안반 ④ 맷돌

28 고물과 떡이 바르게 연결된 것은?

① 콩고물 – 경단, 쑥굴레, 부편
② 거피 팥고물 – 물호박떡, 느티떡, 쑥굴레, 두텁떡
③ 녹두고물 – 녹두편, 상추설기, 석탄병
④ 붉은 팥고물 – 수수경단, 팥고물시루떡, 신과병

29 아래의 재료를 사용하여 만든 떡은?

찹쌀 5컵(가루 10컵), 소금 1큰술, 서리태 1컵, 소금 1큰술, 밤 12개, 대추 12개, 호박고지 100g

① 쇠머리찰떡 ② 혼돈병 ③ 부편 ④ 여주산병

30 빚어 찌는 떡이 아닌 것은?

① 도토리 송편 ② 부편 ③ 쑥갠떡 ④ 거피팥시루떡

31 내수성, 내습성 차단성이 좋아 모든 식품의 포장재로 적합하고 가열 살균이 가능한 열에도 강한 포장재는?

① 종이 ② 플라스틱 ③ 셀로판 ④ 유리

32 다음중 떡의 노화를 방지하고 장기간 보관하기 좋은 온도는?

① 0~4℃ ② 4~60℃ ③ 60℃ ④ -20~-30℃

33 식품 포장의 기능으로 바르지 않은 것은?

① 상품의 가치상승　② 용기로서의 기능
③ 상품개발　④ 정보성, 상품성

34 다음중 감염병의 원인이 바이러스성이 아닌 것은?

① 폴리오　② 장티푸스　③ 아메바성 이질　④ 홍역

35 영양분이 많은 식품의 부패에 가장 빠르게 증식하는 것은?

① 바이러스　② 곰팡이　③ 효모　④ 세균

36 다음중 자연독 식중독의 종류와 독성이 잘못 연결 된 것은?

① 복어독 – 테트로톡신　② 버섯독 – 아마니티, 무스카린
③ 목화씨 – 삭시토신　④ 조개류 – 베네루핀

37 병원체에 따른 감염병 중 세균에 의한 감염병이 아닌 것은 무엇인가?

① 장티푸스　② 콜레라　③ 이질　④ 결핵

38 독성이 강한 중금속 중의 하나로 이타이이타이병이 발병되는 중금속은 무엇인가?

① 카드뮴(Cd)　② 수은(Hg)　③ 비소(As)　④ 아연(An)

39 다음중 안전을 위해 도구 및 장비류 선택 사용 시 주의해야 할 점으로 알맞은 것은?

① 도구 및 장비류는 세척, 소독, 살균은 따로 진행하면 되니까 신경 쓰지 않아도 된다.
② 식품에 직접 접촉하는 도구는 무독성이어야 한다.
③ 식품을 담았을 때 보기 좋은 도구로 선택한다.
④ 세척에 상관없이 정교한 구조로 된 것을 선택한다.

40 HACCP 7원칙에 대한 설명으로 바르지 않은 것은?

① 검증절차 수립 : HACCP 시스템이 모두 종료되고 난 후 문서 기록에 대한 검증 작업
② 위해요소 분석(HA) : 위해가 발생하는 단계의 파악
③ CCP 모니터링 : 모니터링 방법을 설정
④ 기록 보관 및 문서화 방법 설정 : 모든 단계에 대한 문서화 방법이 포함되어야 하고, 기록절차를 수립

41 다음중 황해도 지역 향토떡이 아닌 것은?

① 수수무살이 ②꼬장떡 ③ 오쟁이떡 ④ 혼인인절미

42 통과의례에 사용했던 떡으로 바르게 연결된 것은?

① 혼례, 빙떡 ② 책례, 인절미
③ 백일, 백설기 ④ 회갑례, 차수수경단

43 고려시대 속요에 등장하는 「쌍화점」에서 판매한 떡은?

① 인절미 ② 증편 ③ 바람떡 ④ 상화병

44 강원도 향토떡으로 맞는 것은?

① 쑥갠떡, 느티떡, 상추설기 ② 감시루떡, 복령떡, 우찌기
③ 감자시루떡, 댑싸리떡, 방울증편 ④ 찰떡인절미, 오그랑떡, 깻잎떡

45 다음 설명에 해당되는 것을 고르시오.

> 음력 6월 15일로 흐르는 물에 머리를 감는다는 뜻을 가진 날이다. 곡식이 여물어갈 때쯤 몸을 정갈하게 하고 조상에게 제를 지냈다. 꿀물수단과 밀가루와 술로 발효시킨 상애떡을 먹었다.

① 정월대보름 ② 칠월칠석 ③ 유두 ④ 중화절

46 떡의 종류로 바르게 짝 지어진 것은?

① 찌는 떡 – 인절미, 경단 ② 치는 떡 – 꿀물경단, 두텁단자
③ 지지는 떡 – 부꾸미, 진달래 화전 ④ 삶는 떡 – 시루떡, 가래떡

47 유리왕과 탈해가 서로 왕위를 사양하다 떡의 잇자국이 많은 유리왕이 왕위를 계승했다는 기록이 있는 고서는?

① 삼국사기 ② 삼국유사 ③ 가락국기 ④ 증보산림경제

48 액을 막아준다는 의미로 고사 때나 이사할 때 쓰였던 액막이 떡의 고물은?

① 거피팥고물 ② 흑임자고물 ③ 붉은팥고물 ④ 녹두고물

49 4월 초파일에 해먹었던 떡으로 묶인 것은?

① 쑥떡, 수리취 ② 진달래화전, 경단
③ 느티떡, 장미화전 ④ 증편 주악

50 산과 바다가 공존하는 지역으로 옥수수설기, 메밀전병, 방울증편 등의 향토떡을 가지고 있는 지역은 어디인가?

① 황해도　② 강원도
③ 서울 · 경기도　④ 경상도

51 음력 삼월 삼일 삼짇날 먹었던 시절떡은?

① 차수수경단　② 꿀물경단　③ 진달래화전　④ 가래떡

52 여름 더위에 먹는 떡으로 틀린 것은?

① 증편　② 주악　③ 팥시루떡　④ 깨찰편

53 지지는 떡의 한 종류로 작은 송편모양의 떡을 기름에 지져서 웃기떡으로 주로 사용하는 떡은?

① 주악　② 개피떡　③ 부꾸미　④ 송편

54 여러 가지 고물을 쌀가루 사이사이에 켜로 놓고 찐 켜떡은?

① 단자　② 약밥　③ 콩설기　④ 무팥고물시루떡

55 지역별 떡에 대한 설명으로 적절하지 않은 것은?

① 강원도 – 산과 바다가 공존하는 지역으로 재료도 다양하여 떡의 종류가 많다.
② 충청도 – 양반과 서민의 떡이 구분되어 있다.
③ 서울 · 경기 – 떡이 아기자기하고 화려하다.
④ 제주도 – 쌀을 이용해 떡을 많이 만든다.

56 정월대보름의 절식으로 찹쌀을 이용하여 대추, 밤 등을 넣고 간장, 꿀, 캐러멜소스를 넣어 중탕으로 쪄낸 떡은?

① 두텁떡　② 약밥　③ 쑥굴레　④ 대추단자

57 찹쌀가루를 쪄서 꽈리가 일도록 친 다음 소를 넣고 고물을 묻혀낸 떡은?

① 설기떡　② 단자　③ 콩찰떡　④ 모듬찰떡

58 혼례에 올렸던 떡의 설명 중 의미에 맞지 않는 것은?

봉채떡은 찹쌀 3되 붉은팥 1되를 시루에 2켜로 안친다. 위 켜 중앙에는 대추 7개와 밤을 1개 올렸다. 이바지에는 인절미, 절편이 빠지지 않았다.

① 찹쌀 3되는 부유해지라는 의미를 가지고 있다.
② 대추는 7개는 자식 번창의 의미를 가지고 있다.
③ 인절미, 절편은 부부 궁합이 좋으라는 의미를 가지고 있다.
④ 시루 2켜로 하는 것은 부부 한 쌍을 의미한다.

59 **떡의 종류가 바르게 짝지어진 것은?**

① 켜떡 – 느티떡, 콩설기
② 경단류 – 오색경단, 꿀물경단
③ 단자류 – 두텁단자, 증편
④ 찌는 찰떡 – 쇠머리찰떡, 구름떡

60 **수레바퀴의 모양의 수리취 절편을 먹었던 절기는?**

① 유두
② 정월대보름
③ 단오
④ 칠석

정답

1	2	3	4	5	6	7	8	9	10	11	12	13	14	15	16	17	18	19	20
④	③	④	④	③	①	②	③	④	④	④	①	④	②	④	②	③	④	②	②
21	22	23	24	25	26	27	28	29	30	31	32	33	34	35	36	37	38	39	40
③	④	②	②	③	④	④	②	①	④	④	④	③	③	④	③	④	①	①	①
41	42	43	44	45	46	47	48	49	50	51	52	53	54	55	56	57	58	59	60
②	③	④	③	③	③	①	③	③	②	③	③	①	④	④	②	②	①	②	③

콩설기떡

시험시간
1시간

요구사항

※ 지급된 재료 및 시설을 사용하여 콩설기떡을 만들어 제출하시오.

① 떡 제조 시 물의 양은 적정량으로 혼합하여 제조하시오.(단, 쌀가루는 물에 불려 소금 간하지 않고 2회 빻은 멥쌀가루이다.)
② 불린 서리태를 삶거나 쪄서 사용하시오.
③ 서리태의 1/2 정도는 바닥에 골고루 펴 넣으시오.
④ 서리태의 나머지 1/2 정도는 멥쌀가루와 골고루 혼합하여 찜기에 안치시오.
⑤ 찜기에 안친 쌀가루 반죽을 물솥에 얹어 찌시오.
⑥ 서리태를 바닥에 골고루 펴 넣은 면이 위로 오도록 그릇에 담고, 썰지 않은 상태로 전량 제출하시오.

재료명	비율(%)	무게(g)
멥쌀가루	100	700
설탕	10	70
소금	1	7
물	–	적정량
불린 서리태	–	160

지급재료 목록

재료명	규격	수량	비고
멥쌀가루	멥쌀을 5시간 정도 불려 빻은 것	770g	1인용
설탕	정백당	100g	1인용
소금	정제염	10g	1인용
서리태	하룻밤 불린 서리태 (겨울 10시간, 여름 6시간 이상)	170g	1인용 (건서리태 80g 정도 기준)

만드는 방법

① 밑준비

- 재료를 요구사항에 맞게 계량한다.
- 서리태는 끓는 물에 소금을 넣고 10~15분 삶는다.
- 대나무 찜기 솥에 물을 올려 끓여 놓는다.
- 멥쌀가루에 소금을 넣고 체에 내린다.

② 콩설기 만들기

- 멥쌀가루에 수분을 주고 체에 내린 다음 설탕을 넣고 고루 섞는다.
- 대나무 찜기를 젖은 행주로 한 번 닦은 후 시루밑을 깔고 삶은 서리태의 ½를 바닥에 골고루 깐다.
- 수분을 준 멥쌀가루에 나머지 콩을 넣고 고루 섞은 후 대나무 찜기에 올려 수평을 맞춘다.
- 김이 오른 솥에 대나무 찜기를 올리고 뚜껑에 면보를 덮어 15분 찐다.

③ 완성하기

- 완성된 콩설기떡은 3~5분간 뜸을 들인 후 조심스럽게 뒤집어 콩이 많은 쪽이 위로 가도록 그릇에 담는다.

Check point

구분	조리기술				작품평가		
항목	재료 손질	쌀가루 수분주기	콩설기 찌기	맛을 보는 경우	맛	색	그릇 담기
중요도	★	★★	★★	☆	★	★	★

배점표

구분	위생상태				조리기술					작품평가			
항목	1	2	3	소계	1	2	3	4	5	6	7	8	소계
	위생복 착용 개인위생	정리정돈 청소	조리순서 재료기구 취급		재료 손질	쌀가루에 수분주기	콩 삶기	콩설기 찌기	맛을 보는 경우	맛	색	그릇 담기	
배점	1 2 3	0 1 2	0 1 2	7	0 4 8	0 4 8	0 4 8	0 4 8	−2 0	0 2 4	0 2 4	0 1 3	43

꼭 알아 두세요

- 서리태는 설익히거나 너무 삶아 메주콩 냄새가 나지 않도록 한다.
- 대나무 찜기가 너무 말라 있으면 쌀가루에 수분을 뺏길 수 있으므로 유의한다.
- 콩을 잘 나누어 사용하고 보이는 쪽에 콩이 많이 보이게 완성하여 제출한다.

부꾸미

시험시간
1시간

요구사항

※ 지급된 재료 및 시설을 사용하여 부꾸미를 만들어 제출하시오.

① 떡 제조 시 물의 양을 적정량으로 혼합하여 반죽을 하시오.(단, 쌀가루는 물에 불려 소금 간하지 않고 1회 빻은 찹쌀가루이다.)
② 찹쌀가루는 익반죽하시오.
③ 떡반죽은 직경 6cm로 지져 팥앙금을 소로 넣어 반으로 접으시오(⌓).
④ 대추와 쑥갓을 고명으로 사용하고 설탕을 뿌린 접시에 부꾸미를 담으시오.
⑤ 부꾸미는 12개 이상으로 제조하여 전량 제출하시오.

재료명	비율(%)	무게(g)
찹쌀가루	100	200
백설탕	15	30
소금	1	2
물	–	적정량
팥앙금	–	100
대추	–	3(개)
쑥갓	–	20
식용유	–	20ml

지급재료 목록

재료명	규격	수량	비고
찹쌀가루	찹쌀을 5시간 정도 불려 빻은 것	220g	1인용
설탕	정백당	40g	1인용
소금	정제염	10g	1인용
팥앙금	고운 적팥앙금	110g	1인용

재료명	규격	수량	비고
대추	(중)마른 것	3개	1인용
쑥갓	–	20g	1인용
식용유	–	20ml	1인용
세척제	500g	1개	30인 공용

만드는 방법

① 밑준비

- 찹쌀가루에 소금을 넣고 체에 내린다.
- 냄비에 익반죽할 물을 올려 끓인다.
- 대나무 찜기 솥에 물을 올려 끓여 놓는다.
- 대추는 포를 떠 말아 꽃모양으로 썬다.
- 쑥갓은 잎만 떼어 놓는다.
- 팥앙금은 길이 5cm×두께 1cm 정도의 기둥으로 만들어 놓는다.

② 부꾸미 만들기

- 찹쌀가루를를 끓는 물에 익반죽한다.
- 반죽은 직경 6cm 크기로 준비한다.
- 달구어진 팬에 기름을 두르고 약불에 반죽을 넣고 한쪽 면이 익으면 뒤집어 팥앙금을 넣고 반으로 접는다.
- 모양이 좋은 윗면에 대추와 쑥갓으로 고명을 얹는다.

③ 완성하기

- 완성그릇에 설탕을 뿌리고 지져낸 부꾸미를 담아 제출한다.

Check point

구분	조리기술					작품평가		
항목	재료 손질	대추, 쑥갓 고명 준비	찹쌀 익반죽 하기	부꾸미 지지기	고명 얹기	맛	색	그릇 담기
중요도	★	★★	★★	★★	★★	★	★	★

배점표

구분	위생상태				조리기술					작품평가			
항목	1	2	3	소계	1	2	3	4	5	6	7	8	소계
	위생복 착용 개인 위생	정리 정돈 청소	조리 순서 재료 기구 취급		대추, 쑥갓 고명 준비	찹쌀 익반 죽하기	부꾸 미 지지 기	고명 얹기	맛을 보는 경우	맛	색	그릇 담기	
배점	1 2 3	0 1 2	0 1 2	7	0 4 8	0 4 8	0 4 8	0 4 8	−2 0	0 2 4	0 2 4	0 1 3	43

꼭 알아 두세요

- 반죽이 중앙이 볼록하면 잘 안익을 수 있다.
- 너무 센불에서 하면 늘어지거나 탈 수 있으므로 약불에서 하는 것이 좋다.
- 대추와 쑥갓 고명은 프라이팬이 아닌 접시에서 올려도 된다

쇠머리떡

시험시간
1시간

요구사항

※ **지급된 재료 및 시설을 사용하여 쇠머리떡을 만들어 제출하시오.**

① 떡 제조 시 물의 양은 적정량으로 혼합하여 제조하시오. (단, 쌀가루는 물에 불려 소금 간하지 않고 1회 빻은 찹쌀가루이다.)
② 불린 서리태는 삶거나 쪄서 사용하고, 호박고지는 물에 불려서 사용하시오.
③ 밤, 대추, 호박고지는 적당한 크기로 잘라서 사용하시오.
④ 부재료를 쌀가루와 잘 섞어 혼합한 후 찜기에 안치시오.
⑤ 떡반죽을 넣은 찜기를 물솥에 얹어 찌시오.
⑥ 완성된 쇠머리떡은 15×15cm 정도의 사각형 모양으로 만들어 자르지 말고 전량 제출하시오.
⑦ 찌는 찰떡류로 제조하며, 지나치게 물을 많이 넣어 치지 않도록 주의하여 제조하시오.

재료명	비율(%)	무게(g)
찹쌀가루	100	500
설탕	10	50
소금	1	5
물	–	적정량
불린 서리태	–	100
대추	–	5(개)
깐 밤	–	5(개)
마른 호박고지	–	20
식용유	–	적정량

지급재료 목록

재료명	규격	수량	비고
찹쌀가루	찹쌀을 5시간 정도 불려 빻은 것	550g	1인용
설탕	정백당	60g	1인용
서리태	하룻밤 불린 서리태 (겨울 10시간, 여름 6시간 이상)	110g	1인용 (건서리태 60g 정도 기준)
대추	–	5개	1인용

재료명	규격	수량	비고
밤	겉껍질, 속껍질 제거한 밤	5개	1인용
마른 호박고지	늙은 호박 (또는 단호박)을 썰어서 말린 것	25g	1인용
소금	정제염	7g	1인용
식용유	–	15ml	1인용
세척제	500g	1개	30인 공용

만드는 방법

① 밑준비

- 재료를 요구사항에 맞게 계량한다.
- 서리태는 끓는 물에 소금을 넣고 10~15분 삶는다.
- 호박고지는 수분 상태에 따라 불리는 시간을 조절하여 물에 불린다.
- 밤, 대추는 씨를 제거하고 6~8등분 한다.
- 대나무 찜기 솥에 물을 올려 끓여 놓는다.
- 찹쌀가루에 소금을 넣고 체에 내린다.

② 쇠머리떡 만들기

- 찹쌀가루에 떡 수분을 주고 체에 내린 후 설탕을 넣고 고루 섞는다.
- 부재료(서리태, 대추, 밤, 호박고지)의 ½를 찹쌀가루에 섞는다.
- 찜기를 젖은 행주로 한 번 닦은 후 젖은 면보를 깔고 설탕을 고루 뿌린 후 부재료의 ½를 바닥에 고루 편다.
- 쌀가루를 대나무찜기에 듬성듬성 놓아 수증기가 올라올 수 있도록 한다.
- 김이 오른 솥에 대나무 찜기를 올리고 뚜껑에 면보를 덮어 20분 찐다.

③ 완성하기

- 쪄진 쇠머리떡은 비닐에 기름을 칠하고 떡 반죽을 엎어 15×15cm가 되도록 반대기를 짓는다.
- 모양이 잡힐 정도로 충분히 식힌 후 그릇에 담는다.

Check point

구분	조리기술				작품평가		
항목	재료 손질	부재료 손질	쇠머리떡 찌기	쇠머리떡 모양잡기	맛	색	그릇 담기
중요도	★	★★	★★	★★	★	★	★

배점표

구분	위생상태				조리기술				작품평가				
항목	1	2	3	소계	1	2	3	4	5	6	7	8	소계
	위생복 착용 개인 위생	정리 정돈 청소	조리 순서 재료 기구 취급		부재료 손질	찹쌀 가루 수분 주기	쇠머리떡 찌기	쇠머리떡 모양 잡기	맛을 보는 경우	맛	색	그릇 담기	
배점	1 2 3	0 1 2	0 1 2	7	0 4 8	0 4 8	0 4 8	0 4 8	−2 0	0 2 4	0 2 4	0 1 3	43

꼭 알아 두세요

- 서리태는 오래 삶아 메주콩 냄새가 나거나 설익지 않도록 한다.
- 호박고지는 말린 상태에 따라 불리는 시간을 유의한다.
- 찹쌀은 익으면서 수증기가 올라오는 곳을 막아 설익을 수 있으므로 충분히 공간(주먹으로 가루를 쥐어 놓기)을 주어 찌도록 한다.
- 밤을 너무 크게 썰면 잘 익지 않으므로 주의한다.

송편

시험시간
1시간

요구사항

※ 지급된 재료 및 시설을 사용하여 송편을 만들어 제출하시오.

① 떡 제조 시 물의 양은 적정량으로 혼합하여 제조하시오. (단, 쌀가루는 물에 불려 소금 간하지 않고 2회 빻은 멥쌀가루이다.)

② 불린 서리태는 삶아서 송편소로 사용하시오.

③ 떡반죽과 송편소는 4:1 ~ 3:1 정도의 비율로 제조하시오(송편소가 1/4~1/3 정도 포함되어야 함).

④ 쌀가루는 익반죽하시오

⑤ 송편은 완성된 상태가 길이 5cm, 높이 3cm 정도의 반달송편모양( )이 되도록 오므려 접어 송편 모양을 만들고, 12개 이상으로 제조하여 전량 제출하시오.

⑥ 송편을 찜기에 쪄서 참기름을 발라 제출하시오.

재료명	비율(%)	무게(g)
멥쌀가루	100	200
소금	1	2
물	–	적정량
불린 서리태	–	70
참기름	–	적정량

지급재료 목록

재료명	규격	수량	비고
멥쌀가루	멥쌀을 5시간 정도 불려 빻은 것	220g	1인용
소금	정제염	5g	1인용
서리태	하룻밤 불린 서리태 (겨울 10시간, 여름 6시간 이상)	80g	1인용 (건서리태 40g 정도 기준)
참기름	–	15ml	–

만드는 방법

① 밑준비

- 재료를 요구사항에 맞게 계량한다.
- 서리태는 끓는 물에 소금을 넣고 10~15분 삶는다.
- 대나무 찜기 솥에 물을 올려 끓여 놓는다.
- 멥쌀가루에 소금을 넣고 체에 내린다.

② 송편 만들기

- 멥쌀가루를 끓는 물에 익반죽한다.
- 반죽은 길이 5cm, 높이 3cm 크기로 준비하고, 서리태를 넣어(송편 무게 ⅓~¼) 반달 모양을 만든다.
- 대나무 찜기에 간격을 두고 안친다.
- 김이 오른 솥에 대나무 찜기를 올리고 뚜껑에 면보를 덮어 20분 찐다.

③ 완성하기

- 송편은 한 김 식힌 후 참기름을 바르고 그릇에 담는다.

Check point

구분	조리기술				작품평가		
항목	재료 손질	부재료 손질	송편 빚기	송편 찌기	맛	색	그릇담기
중요도	★	★★	★★	★★	★	★	★

배점표

구분	위생상태				조리기술					작품평가			
항목	1	2	3	소계	1	2	3	4	5	6	7	8	소계
	위생복 착용 개인위생	정리정돈 청소	조리순서 재료 기구 취급		부재료 손질	송편 반죽하기	송편 빚기	송편 찌기	맛을 보는 경우	맛	색	그릇 담기	
배점	1 2 3	0 1 2	0 1 2	7	0 4 8	0 4 8	0 4 8	0 4 8	−2 0	0 2 4	0 2 4	0 1 3	43

꼭 알아 두세요

- 송편 1개에 소로 사용하는 서리태 4~6개 정도가 적당하다.

백편

시험시간
1시간

요구사항

※ 지급된 재료 및 시설을 사용하여 백편을 만들어 제출하시오.

① 떡 제조 시 물의 양은 적정량으로 혼합하여 제조하시오. (단, 쌀가루는 물에 불려 소금 간하지 않고 2회 빻은 멥쌀가루이다.)

② 밤, 대추는 곱게 채썰어 사용하고 잣은 반으로 쪼개어 비늘잣으로 만들어 사용하시오.

③ 쌀가루를 찜기에 안치고 윗면에만 밤, 대추, 잣을 고물로 올려 찌시오.

④ 고물을 올린 면이 위로 오도록 그릇에 담고 썰지 않은 상태로 전량 제출하시오.

재료명	비율(%)	무게(g)
멥쌀가루	100	500
설탕	10	50
소금	1	5
물	–	적정량
깐 밤	–	3(개)
대추	–	5(개)
잣	–	2

지급재료 목록

재료명	규격	수량	비고
멥쌀가루	멥쌀을 5시간 정도 불려 빻은 것	550g	1인용
설탕	정백당	60g	1인용
소금	정제염	10g	1인용
밤	겉껍질, 속껍질 벗긴 밤	3개	1인용
대추	(중)마른 것	5개	1인용
잣	약 20개 정도(속껍질 벗긴 통잣)	2g	1인용

만드는 방법

① 밑준비

- 재료를 요구사항에 맞게 계량한다.
- 밤, 대추는 곱게 채를 썬다.
- 잣은 비늘잣 한다.
- 대나무 찜기 솥에 물을 올려 끓여 놓는다.
- 멥쌀가루에 소금을 넣고 체에 내린다.

② 백편 찌기

- 멥쌀가루에 수분을 주고 체에 내린 다음 설탕을 넣고 고루 섞는다.
- 대나무 찜기를 젖은 행주로 한 번 닦은 후 시루밑을 깐다.
- 수분을 준 쌀가루를 대나무 찜기에 올려 수평을 맞춘 다음 채 썬 밤, 대추, 잣을 섞어 골고루 얹어 준다.
- 김이 오른 솥에 대나무 찜기를 올리고 뚜껑에 덮어 15분 찐다.

③ 완성하기

- 완성된 백편은 3~5분간 뜸을 들인 후 밤, 대추, 잣의 고명이 위로 가도록 2번 뒤집어 그릇에 담는다.

Check point

구분	조리기술				작품평가		
항목	재료 손질	쌀가루 수분주기	밤, 대추, 잣 고명	맛을 보는 경우	맛	색	그릇담기
중요도	★	★★	★★	☆	★	★	★

배점표

구분	위생상태				조리기술					작품평가			
항목	1	2	3	소계	1	2	3	4	5	6	7	8	소계
	위생복 착용 개인위생	정리 정돈 청소	조리 순서 재료 기구 취급		재료 손질	쌀가루에 수분 주기	밤, 대추, 잣 고명	백편 찌기	맛을 보는 경우	맛	색	그릇 담기	
배점	1 2 3	0 1 2	0 1 2	7	0 4 8	0 4 8	0 4 8	0 4 8	−2 0	0 2 4	0 2 4	0 1 3	43

꼭 알아 두세요

- 대나무 찜기가 너무 말라 있으면 쌀가루에 수분을 뺏길 수 있으므로 유의한다.
- 밤, 대추, 잣 고명이 골고루 가도록 신경써서 올려 완성하여 제출한다.
- 2번 뒤집을 때 고명이 흩어지지 않도록 유의한다.

인절미

시험시간
1시간

요구사항

※ 지급된 재료 및 시설을 사용하여 인절미를 만들어 제출하시오.

① 떡 제조 시 물의 양은 적정량으로 혼합하여 제조하시오. (단, 쌀가루는 물에 불려 소금 간하지 않고 1회 빻은 찹쌀가루이다.)

② 익힌 찹쌀반죽은 스테인리스볼과 절굿공이(밀대)를 이용하여 소금물을 묻혀 치시오.

③ 친 인절미는 기름 바른 비닐에 넣어 두께 2cm 이상으로 성형하여 식히시오.

④ 4×2×2cm 크기로 인절미를 24개 이상 제조하여 콩가루를 고물로 묻혀 전량 제출하시오.

재료명	비율(%)	무게(g)
찹쌀가루	100	500
설탕	10	50
소금	1	5
물	–	적정량
볶은 콩가루	12	60
식용유	–	5
소금물용 소금	–	5

지급재료 목록

재료명	규격	수량	비고
찹쌀가루	찹쌀을 5시간 정도 불려 빻은 것	550g	1인용
설탕	정백당	60g	1인용
소금	정제염	10g	1인용
콩가루	볶은 콩가루	70g	1인용 (방앗간 인절미용 구매)
식용유	–	15ml	비닐에 바르는 용도
세척제	500g	1개	30인 공용

만드는 방법

① 밑준비

- 재료를 요구사항에 맞게 계량한다.
- 찹쌀가루에 소금을 넣고 체에 내린다.
- 소금물을 만든다.

② 인절미 만들기

- 찹쌀가루에 수분을 주고 고루 섞어준 후 설탕을 넣고 섞는다.
- 찜기를 젖은 행주로 한 번 닦은 후 젖은 면보를 깔고 설탕을 고루 뿌린다.
- 쌀가루를 대나무 찜기에 듬성듬성 놓아 수증기가 잘 올라 올 수 있도록 한다.
- 김이 오른 솥에 대나무 찜기를 올리고 뚜껑에 면보를 덮어 20분 찐다.

③ 완성하기

- 쪄진 찰떡은 스테인리스볼에 담아 절구공이에 소금물을 묻혀 가며 꽈리가 일도록 친다.
- 비닐에 기름을 칠하고 떡 반죽을 얹어 가로 24×8cm가 되도록 반대기를 짓는다.
- 모양이 잡힐 정도로 충분히 식힌 후 4×2×2cm 크기로 인절미를 24개 이상 제조하여 콩가루를 고물로 묻혀 그릇에 담는다.

Check point

구분	조리기술					작품평가		
항목	재료 손질	인절미 찌기	인절미 치기	인절미 모양잡기	맛을 보는 경우	맛	색	그릇 담기
중요도	★	★★	★★	★★	☆	★	★	★

배점표

구분	위생상태				조리기술					작품평가			
항목	1	2	3	소계	1	2	3	4	5	6	7	8	소계
	위생복 착용 개인위생	정리 정돈 청소	조리순서 재료 기구 취급		재료 손질	인절미 찌기	인절미 치기	인절미 모양잡기	맛을 보는 경우	맛	색	그릇 담기	
배점	1 2 3	0 1 2	0 1 2	7	0 4 8	0 4 8	0 4 8	0 4 8	−2 0	0 2 4	0 2 4	0 1 3	43

꼭 알아 두세요

- 인절미를 충분히 속까지 익혀서 제출할 수 있도록 유의한다.
- 인절미를 절구공이로 충분히 쳐서 꽈리가 일도록 한다.
- 충분히 식혀 모양을 잡은 후 고물을 묻혀야 젖지 않는다.

무지개떡(삼색)

시험시간
1시간

요구사항

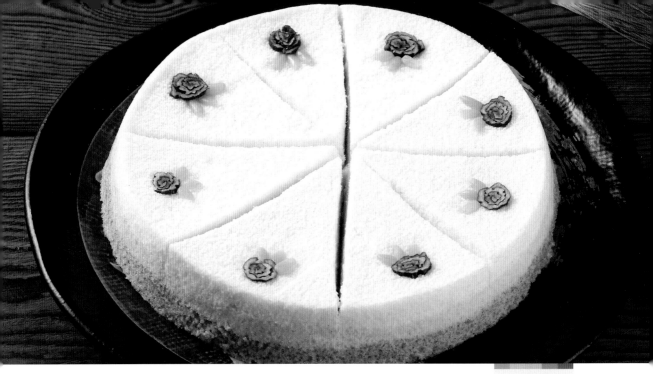

※ **지급된 재료 및 시설을 사용하여 무지개떡(삼색)을 만들어 제출하시오.**

① 떡 제조 시 물의 양은 적정량으로 혼합하여 제조하시오. (단, 쌀가루는 물에 불려 소금 간하지 않고 2회 빻은 멥쌀가루이다.)

② 삼색의 구분이 뚜렷하고 두께가 같도록 떡을 안치고 8등분으로 칼금을 넣으시오.

〈삼색 구분, 두께 균등〉

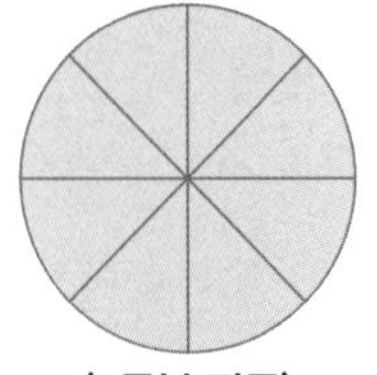
〈8등분 칼금〉

③ 대추와 잣을 흰쌀가루에 고명으로 올려 찌시오. (잣은 반으로 쪼개어 비늘잣으로 만들어 사용하시오.)

④ 고명이 위로 올라오게 담아 전량 제출하시오.

재료명	비율(%)	무게(g)
멥쌀가루	100	750
설탕	10	75
소금	1	8
물	–	적정량
치자	–	1(개)
쑥가루	–	3
대추	–	3(개)
잣	–	2

지급재료 목록

재료명	규격	수량	비고
멥쌀가루	멥쌀을 5시간 정도 불려 빻은 것	800g	1인용
설탕	정백당	100g	1인용
소금	정제염	10g	1인용
치자	말린 것	1개	1인용

재료명	규격	수량	비고
쑥가루	말려 빻은 것	3g	1인용
대추	(중)마른 것	3개	1인용
잣	약 20개 정도 (속껍질 벗긴 통잣)	2g	1인용

만드는 방법

① 밑준비

- 재료를 요구사항에 맞게 계량한다.
- 대추는 포를 떠 말아 꽃모양으로 썬다.
- 잣은 반으로 쪼개어 비늘잣을 만든다.
- 치자는 반으로 쪼개어 미지근한 물에 우려놓는다.
- 대나무 찜기 솥에 물을 올려 끓여 놓는다.
- 멥쌀에 소금을 넣고 체에 내린다.

② 쇠머리 찰떡 찌기

- 멥쌀가루는 3등분한다.
- 등분한 쌀가루에 치자물과 쑥가루로 색을 들여 수분을 주고, 흰색은 그대로 수분을 주어 체에 내린 다음 설탕을 섞는다.
- 찜기를 젖은 행주로 한 번 닦은 후 수분을 준 쌀가루를 대나무 찜기에 올려 수평을 맞춘 다음 칼로 8등분한다.
- 대추와 잣을 고명으로 얹는다.
- 김이 오른 솥에 대나무 찜기를 올리고 뚜껑에 면보를 덮어 15분 찐다.

③ 완성하기

- 완성된 무지개떡은 3~5분간 뜸을 들인 후 대추, 잣의 고명이 위로 가도록 2번 뒤집어 그릇에 담는다.

Check point

구분	조리기술					작품평가		
항목	재료 손질	대추, 잣 손질	멥쌀가루 수분주기	멥쌀가루 색들이기	8등분 나눠찌기	맛	색	그릇 담기
중요도	★	★★	★★	★★	★★	★	★	★

배점표

구분	위생상태				조리기술					작품평가			
항목	1	2	3	소계	1	2	3	4	5	6	7	8	소계
	위생복 착용 개인위생	정리정돈 청소	조리순서 재료 기구 취급		부재료 손질	대추, 잣손질	멥쌀 가루 수분 주기	8등분 나눠 찌기	맛을 보는 경우	맛	색	그릇 담기	
배점	1 2 3	0 1 2	0 1 2	7	0 4 8	0 4 8	0 4 8	0 4 8	−2 0	0 2 4	0 2 4	0 1 3	43

꼭 알아 두세요

- 켜의 두께가 일정해야 보기 좋으므로 떡가루의 분량을 똑같이 나누어 놓는다.
- 칼로 등분할 때 너무 많이 움직이면 떡이 깨질 수 있다.
- 쑥가루에 미리 수분을 주어 색이 고루 섞일 수 있게 하는 것이 좋다.

경단

시험시간
1시간

요구사항

※ 지급된 재료 및 시설을 사용하여 경단을 만들어 제출하시오.

① 떡 제조 시 물의 양을 적정량으로 혼합하여 반죽을 하시오.(단, 쌀가루는 물에 불려 소금 간하지 않고 1회 빻은 찹쌀가루이다.)
② 찹쌀가루는 익반죽하시오.
③ 반죽은 직경 2.5~3cm 정도의 일정한 크기로 20개 이상 만드시오.
④ 경단은 삶은 후 고물로 콩가루를 묻히시오.
⑤ 완성된 경단은 전량 제출하시오.

재료명	비율(%)	무게(g)
찹쌀가루	100	200
소금	1	2
물	–	적정량
볶은 콩가루	–	50

지급재료 목록

재료명	규격	수량	비고
찹쌀가루	찹쌀을 5시간 정도 불려 빻은 것	220g	1인용
소금	정제염	10g	1인용
콩가루	볶은 콩가루	60g	1인용 (방앗간 인절미용 구매)
세척제	500g	1개	30인 공용

만드는 방법

① 밑준비

- 재료를 요구사항에 맞게 계량한다.
- 찹쌀가루에 소금을 넣고 체에 내린다.

② 경단 만들기

- 찹쌀가루를 끓는 물에 익반죽한다.
- 반죽은 직경 2.5~3cm 정도 크기로 20개 빚는다.
- 끓는 물에 넣고 위로 동동 떠 오를 때까지 삶는다.
- 삶은 경단은 찬물에 2번 헹군 후 물기를 충분히 제거한다.

③ 완성하기

- 삶은 경단은 콩고물에 굴려 가지런히 그릇에 담는다.

Check point

구분	조리기술					작품평가		
항목	재료 손질	쌀가루 수분주기	경단 반죽하기	경단 삶기	맛을 보는 경우	맛	색	그릇 담기
중요도	★	★★	★★	★★	☆	★	★	★

배점표

구분	위생상태				조리기술					작품평가			
항목	1	2	3	소계	1	2	3	4	5	6	7	8	소계
	위생복 착용 개인위생	정리 정돈 청소	조리 순서 재료 기구 취급		재료 손질	경단 반죽하기	경단 삶기	경단 고물 묻히기	맛을 보는 경우	맛	색	그릇 담기	
배점	1 2 3	0 1 2	0 1 2	7	0 4 8	0 4 8	0 4 8	0 4 8	−2 0	0 2 4	0 2 4	0 1 3	43

꼭 알아 두세요

- 경단은 너무 질지 않게 반죽하여야 삶은 후 모양이 퍼지지 않는다.
- 경단은 충분히 속까지 익혀서 제출할 수 있도록 유의한다.
- 경단은 삶은 후 충분히 물기를 제거해서 고물을 묻혀야 고물이 젖지 않는다.

흑임자시루떡

시험시간
1시간

요구사항

※ 지급된 재료 및 시설을 사용하여 흑임자시루떡을 만들어 제출하시오.

① 떡 제조 시 물의 양은 적정량으로 혼합하여 제조하시오. (단, 쌀가루는 물에 불려 소금 간하지 않고 1회 빻은 찹쌀가루이다.)
② 흑임자는 씻어 일어 이물이 없게 하고 타지 않게 볶아 소금 간하여 고물로 사용하시오.
③ 찹쌀가루 위 · 아래에 흑임자 고물을 이용하여 찜기에 한 켜로 안치시오.
④ 찜기에 안쳐 물솥에 얹어 찌시오.
⑤ 썰지 않은 상태로 전량 제출하시오.

재료명	비율(%)	무게(g)
찹쌀가루	100	400
설탕	10	40
소금 (쌀가루 반죽)	1	4
소금 (고물)	–	적정량
물	–	적정량
흑임자	27.5	110

지급재료 목록

재료명	규격	수량	비고
찹쌀가루	찹쌀을 5시간 정도 불려 빻은 것	440g	1인용
설탕	정백당	50g	1인용
소금	정제염	10g	1인용
흑임자	볶지 않은 상태	120g	1인용

만드는 방법

① 밑준비

- 재료를 요구사항에 맞게 계량한다.
- 찹쌀가루에 소금을 넣고 체에 내린다.
- 대나무 찜기 솥에 물을 올려 끓여 놓는다.

② 고물 만들기

- 흑임자는 물에 씻어 돌을 일어 물기를 뺀다.
- 마른 팬에 타지 않도록 흑임자가 통통해질 때까지 볶는다.
- 다 볶은 흑임자는 절굿공이에 넣고 빻아 고물을 만든다.

③ 흑임자시루떡 만들기

- 찹쌀가루에 수분을 주고 체에 내린다.
- 대나무 찜기를 젖은 행주로 한번 닦은 후 젖은 면보를 깐다.
- 찜기 밑에 고물을 한 켜 깔고 수분을 준 쌀가루를 올려 수평을 맞춘 다음 다시 고물을 얹는다.
- 김이 오른 솥에 대나무 찜기를 올리고 뚜껑에 덮어 15분 찐다.

④ 완성하기

- 완성된 흑임자시루떡은 3~5분간 뜸을 들인 후 뒤집어 그릇에 담는다.

Check point

구분	조리기술				작품평가		
항목	재료 손질	흑임자 고물 만들기	찹쌀가루 수분 주기	흑임자 시루떡 찌기	맛	색	그릇 담기
중요도	★	★★	★★	★★	★	★	★

배점표

구분	위생상태				조리기술					작품평가			
항목	1	2	3	소계	1	2	3	4	5	6	7	8	소계
	위생복 착용 개인 위생	정리 정돈 청소	조리 순서 재료 기구 취급		재료 손질	고물 만들기	쌀가루에 수분 주기	흑임자시루떡 찌기	맛을 보는 경우	맛	색	그릇 담기	
배점	1 2 3	0 1 2	0 1 2	7	0 4 8	0 4 8	0 4 8	0 4 8	−2 0	0 2 4	0 2 4	0 1 3	43

꼭 알아 두세요

- 흑임자 고물은 기름이 많아 떡의 수분을 조금 넉넉히 주는 것이 좋다.

개피떡(바람떡)

시험시간
1시간

요구사항

※ **지급된 재료 및 시설을 사용하여 개피떡(바람떡)을 만들어 제출하시오.**

① 떡 제조 시 물의 양은 적정량으로 혼합하여 반죽을 하시오.(단, 쌀가루는 물에 불려 소금 간하지 않고 2회 빻은 멥쌀가루이다.)
② 익힌 멥쌀 반죽은 치대어 떡 반죽을 만들고 떡이 붙지 않게 고체유를 바르면서 제조하시오.
③ 떡반죽은 두께 4~5mm 정도로 밀어 팥앙금을 소로 넣어 원형틀(직경 5.5cm 정도)을 이용하여 반달모양으로 찍어 모양을 만드시오(⌓).
④ 개피떡은 12개 이상으로 제조하여 참기름을 발라 제출하시오.

재료명	비율(%)	무게(g)
멥쌀가루	100	300
소금	1	3
물	–	적정량
팥앙금	66	200
참기름	–	적정량
고체유	–	5
설탕	–	10 (찔 때 필요 시 사용)

지급재료 목록

재료명	규격	수량	비고
멥쌀가루	멥쌀을 5시간 정도 불려 빻은 것	330g	1인용
소금	정제염	10g	1인용
팥앙금	고운 적팥앙금	220g	1인용
고체유(밀랍)	마가린 대체 가능	7g	1인용
설탕	–	15g	1인용
참기름	–	10g	1인용
세척제	500g	1개	30인 공용

만드는 방법

① 밑준비

- 팥앙금은 길이 3cm, 두께 1cm 정도의 기둥으로 만들어 놓는다.
- 대나무 찜기 솥에 물을 올려 끓여 놓는다.
- 멥쌀가루에 소금을 넣고 체에 내린다.

② 개피떡 만들기

- 멥쌀가루에 수분을 준다.
- 대나무 찜기를 젖은 행주로 한번 닦은 후 젖은 면보를 깔고 수분을 준 쌀가루를 올린다.
- 김이 오른 솥에 대나무 찜기를 올리고 뚜껑에 덮어 15분 찐다.
- 쪄진 떡 반죽은 꺼내어 치댄 후 밀대로 밀어 준비한다.
- 밀어진 반죽에 앙금을 넣고 바람떡 몰드를 앞으로 당기듯 찍어 완성한다.

③ 완성하기

- 완성 그릇에 12개 이상 담아 참기름을 발라 제출한다.

Check point

구분	조리기술				작품평가		
항목	재료 손질	팥앙금 만들기	개피떡 반죽 찌기	모양 만들기	맛	색	그릇 담기
중요도	★	★★	★★	★★ ★★	★	★	★

배점표

구분	위생상태				조리기술					작품평가			
항목	1	2	3	소계	1	2	3	4	5	6	7	8	소계
	위생복 착용 개인 위생	정리 정돈 청소	조리 순서 재료 기구 취급		재료 손질 하기	팥앙금 모양 만들기	개피떡 수분 주기	개피떡 모양 잡기	맛을 보는 경우	맛	색	그릇 담기	
배점	1 2 3	0 1 2	0 1 2	7	0 4 8	0 4 8	0 4 8	0 4 8	−2 0	0 2 4	0 2 4	0 1 3	43

꼭 알아 두세요

- 반죽이 너무 되직하면 이음새가 벌어질 수 있다.

흰팥시루떡

시험시간
1시간

요구사항

※ **지급된 재료 및 시설을 사용하여 흰팥시루떡을 만들어 제출하시오.**

① 떡 제조 시 물의 양은 적정량으로 혼합하여 제조하시오. (단, 쌀가루는 물에 불려 소금 간하지 않고 2회 빻은 멥쌀가루이다.)

② 불린 흰팥(동부)은 거피하여 쪄서 소금 간하고 빻아 체에 내려 고물로 사용하시오(중간체 또는 어레미 사용 가능).

③ 멥쌀가루 위 · 아래에 흰팥고물을 이용하여 찜기에 한 켜로 안치시오.

④ 찜기에 안쳐 물솥에 얹어 찌시오.

⑤ 썰지 않은 상태로 전량 제출하시오.

재료명	비율(%)	무게(g)
멥쌀가루	100	500
설탕	10	50
소금 (쌀가루 반죽)	1	5
소금 (고물)	0.6	3 (적정량)
물	–	적정량
불린 흰팥(동부)	–	320

지급재료 목록

재료명	규격	수량	비고
멥쌀가루	멥쌀을 5시간 정도 불려 빻은 것	550g	1인용
설탕	정백당	60g	1인용
소금	정제염	10g	1인용
거피팥(동부)	하룻밤 불린 거피팥(겨울 6시간, 여름 3시간 이상, 전날 불려 냉장 보관 후 지급)	350g	1인용(건거피팥(동부) 170g 정도 기준)

만드는 방법

① 밑준비

- 재료를 요구사항에 맞게 계량한다.
- 불린 흰팥(동부)을 제물에 1~2번 비벼 껍질을 벗긴 후, 새로운 물로 헹궈 거피를 한다.
- 멥쌀가루에 소금을 넣고 체에 내린다.
- 대나무 찜기 솥에 물을 올려 끓여 놓는다.

② 고물 만들기

- 대나무 찜기에 젖은 행주로 깐 다음 거피한 흰팥을 올린다.
- 김이 오른 솥에 대나무 찜기를 올리고 뚜껑에 덮어 25분 찐다.
- 다 찐 고물은 한 김 날리고 방망이로 찌어 고물을 만든다.

③ 흰팥시루떡 만들기

- 멥쌀가루에 수분을 주고 체에 내린 다음 설탕을 넣고 고루 섞는다.
- 대나무 찜기를 젖은 행주로 한번 닦은 후 시루밑을 깐다.
- 찜기 밑에 고물을 한 켜 깔고 수분을 준 멥쌀가루를 올려 수평을 맞춘 다음 다시 고물을 얹는다.
- 김이 오른 솥에 대나무 찜기를 올리고 뚜껑을 덮어 15분 찐다.

④ 완성하기

- 완성된 흰팥시루떡은 3~5분간 뜸을 들인 후 뒤집어 그릇에 담는다.

Check point

구분	조리기술					작품평가		
항목	재료 손질	고물 만들기	멥쌀 수분 주기	흰팥고물 시루떡 찌기	맛을 보는 경우	맛	색	그릇 담기
중요도	★	★★	★★	★★	☆	★	★	★

배점표

구분	위생상태				조리기술					작품평가			
항목	1	2	3	소계	1	2	3	4	5	6	7	8	소계
	위생복 착용 개인위생	정리 정돈 청소	조리 순서 재료 기구 취급		재료 손질	고물 만들기	쌀가루에 수분 주기	흰팥 시루 떡찌기	맛을 보는 경우	맛	색	그릇 담기	
배점	1 2 3	0 1 2	0 1 2	7	0 4 8	0 4 8	0 4 8	0 4 8	−2 0	0 2 4	0 2 4	0 1 3	43

꼭 알아 두세요

- 대나무 찜기가 너무 말라 있으면 쌀가루에 수분을 뺏길 수 있으므로 유의한다.
- 고물을 너무 오래 찌면 색이 변할 수 있으므로 유의한다.

대추단자

시험시간
1시간

요구사항

※ 지급된 재료 및 시설을 사용하여 대추단자를 만들어 제출하시오.

① 떡 제조 시 물의 양을 적정량으로 혼합하여 반죽을 하시오(단, 쌀가루는 물에 불려 소금 간하지 않고 1회 빻은 찹쌀가루이다.).
② 대추의 40% 정도는 떡 반죽용으로, 60% 정도는 고물용으로 사용하시오.
③ 떡 반죽용 대추는 다져서 쌀가루와 함께 익혀 쓰시오.
④ 고물용 대추, 밤은 곱게 채 썰어 사용하시오(단, 밤은 채 썰 때 전량 사용하지 않아도 됨).
⑤ 대추를 넣고 익힌 찹쌀반죽은 소금물을 묻혀 치시오.
⑥ 친 대추단자는 기름(식용유) 바른 비닐에 넣어 성형하여 식히시오.
⑦ 친 떡에 꿀을 바른 후 3×2.5×1.5cm 크기로 잘라 밤채, 대추채 고물을 묻히시오.
⑧ 16개 이상 제조하여 전량 제출하시오.

재료명	비율(%)	무게(g)
찹쌀가루	100	200
소금	1	2
물	–	적정량
밤	–	6(개)
대추	–	80
꿀	–	20
식용유	–	10
설탕 (찔 때 필요 시 사용)		10
소금물용 소금	–	5

지급재료 목록

재료명	규격	수량	비고
찹쌀가루	찹쌀을 5시간 정도 불려 빻은 것	220g	1인용
소금	정제염	5g	1인용
밤	겉껍질, 속껍질 벗긴 밤	6개	1인용
대추	(중)마른 것 (크기 및 수분량에 따라 개수는 변경될 수 있음)	90g (20~30개 정도)	1인용

재료명	규격	수량	비고
꿀	–	30g	1인용
식용유	–	10g	1인용
설탕	–	10g	1인용
세척제	500g	1개	30인 공용

만드는 방법

① 밑준비

- 재료를 요구사항에 맞게 계량한다.
- 떡반죽용 대추를 다지고, 고물용 대추, 밤을 곱게 채 썬다.
- 찹쌀가루에 소금을 넣고 체에 내린다.
- 소금물을 만든다.
- 대나무 찜기 솥에 물을 올려 끓여 놓는다.

② 대추단자 만들기

- 찹쌀가루에 대추와 수분을 주고 고루 섞어준다.
- 찜기를 젖은 행주로 한번 닦은 후 젖은 면보를 깔고 설탕을 고루 뿌린다.
- 찹쌀가루를 대나무 찜기에 듬성듬성 놓아 수증기가 잘 올라올 수 있도록 한다.
- 김이 오른 솥에 대나무 찜기를 올리고 뚜껑에 면보를 덮어 20분 찐다.

③ 완성하기

- 쪄진 찰떡은 스테인리스 볼에 담아 절굿공이에 소금물을 묻혀 가며 꽈리가 일도록 친다.
- 비닐에 기름을 칠하고 떡 반죽을 얹어 5×12cm가 되도록 반대기를 짓는다.
- 모양이 잡힐 정도로 충분히 식힌 후 2×2.5×1cm 크기로 인절미를 16개 이상 제조하여 꿀을 발라가며 밤 · 대추 고물로 묻혀 그릇에 담는다.

Check point

구분	조리기술					작품평가		
항목	재료 손질	고물 만들기	대추단자 찌기	대추단자 모양 잡기	맛을 보는 경우	맛	색	그릇 담기
중요도	★	★★	★★	★★	☆	★	★	★

배점표

구분	위생상태				조리기술					작품평가			
항목	1	2	3	소계	1	2	3	4	5	6	7	8	소계
	위생복 착용 개인 위생	정리 정돈 청소	조리 순서 재료 기구 취급		재료 손질	고물 만들기	대추 단자 수분 주기	대추 단자 모양 만들기	맛을 보는 경우	맛	색	그릇 담기	
배점	1 2 3	0 1 2	0 1 2	7	0 4 8	0 4 8	0 4 8	0 4 8	−2 0	0 2 4	0 2 4	0 1 3	43

꼭 알아 두세요

- 대추단자 충분히 속까지 익혀서 제출할 수 있도록 유의한다.
- 인절미를 절굿공이로 오래 쳐서 꽈리가 일도록 한다.
- 충분히 식혀 모양을 잡은 후 고물을 묻혀야 젖지 않는다.

[참고문헌]

- 한국의 맛, 강인희, 대한교과서 주식회사 (1987)
- 우리말 조리어사전, 윤숙경, 신광출판사 (1996)
- 재료배합과 제조방법에 따른 떡의 특성에 관한 문헌고찰, 윤숙자, 한국식문화학회지, vol. 11, No.1 (1996)
- 한국의 떡과 과줄, 강인희, 대한교과서 (1997)
- 한국 식품사연구, 윤서석, 신광출판사 (1997)
- 한국의 떡 · 한과 · 음청류, 윤숙자, 지구문화사 (1998)
- 한국요리문화사, 이성우, 수문사 (1998)
- 쉽게 맛있게 아름답게 만드는 떡, 한복려, 궁중음식연구원 (2000)
- 쉽게 맛있게 아름답게 만드는 한과, 한복려, 궁중음식연구원 (2000)
- 처음 배우는 떡, 박경미, 중앙M&B (2000)
- 쪽빛마을 한과, 윤숙자, 질시루 (2002)
- 먹고싶은 우리떡 · 우리 음식, 이순옥 외 1인, 백산출판사 (2002)
- 웰빙 한국음식, 김은실 외 2인, MJ미디어 (2002)
- 한국의 후식류, 정해옥, MJ미디어 (2005)
- 실무와 기술사를 위한 한국떡, 류기형 외 4인, 효일출판사 (2005)
- 떡이 있는 풍경, 윤숙자, 질시루 (2006)
- 한국의 떡, 류기형 외 5인, 효일 (2008)
- 보기좋은 떡 먹기좋은 떡, 최순자, (주) 비앤씨월드 (2008)
- 21세기 웰빙 떡 · 한과 · 전통음료, 이연정 외 4인, 대왕사 (2008)
- 식품과 조리원리, 이주희 외 7인, 교문사 (2010)
- 조리과학, 손정우 외 4인, 교문사 (2011)
- 식품재료학, 홍진숙 외 6인, 교문사 (2012)

떡의 미학

2024년 1월 25일 초판 1쇄 인쇄
2024년 1월 30일 초판 1쇄 발행

지은이 최은희
펴낸이 진욱상
펴낸곳 (주)백산출판사
교 정 박시내
본문디자인 신화정
표지디자인 오정은

등 록 2017년 5월 29일 제406-2017-000058호
주 소 경기도 파주시 회동길 370(백산빌딩 3층)
전 화 02-914-1621(代)
팩 스 031-955-9911
이메일 edit@ibaeksan.kr
홈페이지 www.ibaeksan.kr

ISBN 979-11-6567-753-4 93590
값 33,000원